多功能静力触探
原理及其工程应用

郭 宏 著

科 学 出 版 社

北 京

内 容 简 介

本书论述静力触探所涉及的相关理论和技术，进而引出多功能静力触探的相关概念。对多功能静力触探用于地层划分所涉及的土体力学参数、工程参数，以及静力触探的贯入机理、砂土液化判别、地基和单桩承载力的估算等进行详尽的介绍；对多功能多探管静力触探技术用于浅层天然气勘探所涉及的相关技术、工艺、静力触探和测井响应特点进行了探索。

本书可供从事地质工程、土体工程性质分析、地基基础设计等领域的科研人员、教师、工程师参考。

图书在版编目（CIP）数据

多功能静力触探原理及其工程应用/郭宏著. —北京：科学出版社，2020.11

ISBN 978-7-03-066527-0

Ⅰ.①多… Ⅱ.①郭… Ⅲ.①静力触探－研究 Ⅳ.①P624

中国版本图书馆 CIP 数据核字（2020）第 205284 号

责任编辑：杜 权 李亚佩/责任校对：高 嵘
责任印制：张 伟/封面设计：苏 波

科学出版社 出版
北京东黄城根北街 16 号
邮政编码：100717
http://www.sciencep.com

北京凌奇印刷有限责任公司 印刷
科学出版社发行 各地新华书店经销

*

2020 年 11 月第 一 版 开本：787×1092 1/16
2023 年 8 月第二次印刷 印张：12 1/2
字数：280 000

定价：88.00 元

（如有印装质量问题，我社负责调换）

前　言

近年来随着静力触探技术在岩土工程领域被广泛应用,岩土原位测试技术也得到了快速的发展。传统静力触探设备的功能比较单一,无法同时测量同一地层位置的多个参数,对于一些比较复杂的工程地质问题已经无法满足测量需求。而多功能静力触探在进行工程地质原位测试的同时,还能进行物探测量,可以提供工程地质的多个测量参数,在解决一些特殊的工程地质问题上有着重要作用。目前国内从事静力触探与测井技术相结合的研究还未见相关报道,相关文献也较少,因此积极开展这方面的研究具有非常重要的意义。

本书主要从以下几个方面进行相关技术的研究和探索。

（1）对多功能静力触探测井技术的基本原理及相关的仪器设备进行研究和分析,对多功能静力触探采集系统的软硬件设计做前期性研究。将静力触探与电阻率测井、声波速度测井、自然伽马测井相结合,运用其测试原理和仪器结构,实现对不同土体参数的测量和解释。

（2）从理论推导和有限元模拟两个方面分析静力触探的测试机理。首先研究静力触探探头贯入及停止时探头周围土的状态变化,其次探讨初始超孔隙压力分布的理论计算问题。通过 ABAQUS 有限元软件对静力触探的贯入过程进行模拟分析,全面解析探头贯入过程中,锥头周围土体应力位移场的变化,进一步揭示静力触探的测试机理。

（3）尝试将多功能多探管静力触探技术用于天然气勘探实践中,对其相关技术、工艺、静力触探和测井响应特点进行研究分析,并对触探和测井曲线进行融合分析。实验证实,该技术用于浅层天然气勘探完全可行,触探、测井响应良好,可准确确定存储层的位置,准确划分地层。

（4）根据静力触探数据估算黏性土不排水抗剪强度、超固结比、灵敏度和砂土相对密度的现有方法,分析估算结果与实验室实验结果之间的差异,确定地层中的比贯入阻力与静力探桩端阻力、侧壁摩擦阻力的换算关系,提出适合我国不同土质特性的经验系数。

（5）根据静力触探数据总结出静力触探与土质地基土的承载力、压缩模量的相关经验公式,通过经验公式计算后,得出的强度参数和变形参数更符合实际情况,分析利用静力触探数据估算地层中预制桩极限承载力的经验公式。采用基于静力触探数据的液化判别法,对粉土和粉细砂液化的可能性进行评判,总结出了地层中粉、砂土液化判别的经验公式。

本书出版得到国家专项协作课题　"天然气水合物钻探地层流体取样与原位测试系统研发"（GZH20160060202）的大力支持。本书写作过程中参考了大量文献以及多位专家的研究成果,再次一并表示感谢。

本书在编写过程中得到我的导师中国地质大学（武汉）工程学院姚爱国教授的大力支持与帮助,先生认真审阅了本书的内容并提出了很多建设性和指导性的意见,对本书的成书起到关键性的作用，在此表示衷心的感谢。

　　本书虽然在多功能静力触探理论和技术方面进行了有益的探讨，但由于作者水平有限，本书在很多地方还存在着不足和需要改进和完善的地方，诚请读者斧正并提出宝贵意见。

郭　宏

2020 年 6 月 8 日

目　录

第1章　多功能静力触探概述 …………………………………………………… 1
1.1　静力触探技术研究的目的和意义 …………………………………………… 1
1.2　静力触探技术国内外研究现状 ……………………………………………… 1
　　1.2.1　国外静力触探发展及研究现状 ……………………………………… 1
　　1.2.2　国内静力触探发展及研究现状 ……………………………………… 3
1.3　多功能静力触探相关技术的研究与发展 …………………………………… 4
　　1.3.1　多功能探头技术的发展 ……………………………………………… 4
　　1.3.2　多探管测井技术的应用 ……………………………………………… 5
1.4　静力触探技术的发展趋势和方向 …………………………………………… 6
　　1.4.1　静力触探技术的发展趋势 …………………………………………… 6
　　1.4.2　我国静力触探技术的发展方向 ……………………………………… 7
参考文献 ……………………………………………………………………………… 8
第2章　多功能静力触探技术 …………………………………………………… 10
2.1　静力触探技术 ………………………………………………………………… 10
　　2.1.1　静力触探技术原理 …………………………………………………… 10
　　2.1.2　静力触探的地层划分 ………………………………………………… 11
2.2　声波速度测井技术 …………………………………………………………… 13
　　2.2.1　声波速度测井原理 …………………………………………………… 13
　　2.2.2　声波速度测井的地层划分 …………………………………………… 15
2.3　普通电阻率测井技术 ………………………………………………………… 17
　　2.3.1　普通电阻率测井原理 ………………………………………………… 17
　　2.3.2　视电阻率 ……………………………………………………………… 18
　　2.3.3　电阻率测井的地层划分 ……………………………………………… 19
2.4　自然伽马能谱测井技术 ……………………………………………………… 20
　　2.4.1　自然伽马能谱测井基本理论 ………………………………………… 20
　　2.4.2　自然伽马能谱测井的地层划分 ……………………………………… 23
参考文献 ……………………………………………………………………………… 24
第3章　多功能静力触探系统设计 ……………………………………………… 25
3.1　多功能静力触探系统设计原则 ……………………………………………… 25
3.2　多功能静力触探系统设计方案 ……………………………………………… 25
3.3　多功能静力触探综合平台 …………………………………………………… 26
　　3.3.1　钻探机构 ……………………………………………………………… 26

3.3.2 静力触探机构 ·· 27

3.3.3 液压系统 ·· 27

3.4 多功能静力触探探管结构设计 ··· 27

3.5 多功能静力触探采集探管设计 ··· 30

3.5.1 孔隙压力静力触探探头 ··· 30

3.5.2 应变片电桥电路 ·· 31

3.5.3 声波测井探管 ··· 32

3.5.4 电阻率探管 ·· 33

3.5.5 自然伽马探管 ··· 33

3.5.6 温度采集模块 ··· 34

3.5.7 信号调理电路 ··· 35

3.6 系统通信总线 ··· 36

3.6.1 RS-485 简介 ·· 36

3.6.2 RS-485 总线通信方式 ·· 37

3.6.3 PC 与 RS-485 总线连接 ·· 38

参考文献 ·· 38

第4章 多功能静力触探系统软件设计 ·· 39

4.1 虚拟仪器开发平台 LabVIEW 简介 ··· 39

4.2 程序设计流程 ··· 40

4.3 系统软件模块化设计思路 ··· 41

4.4 串口通信模块设计 ··· 42

4.5 数据采集和显示模块程序设计 ··· 45

4.6 数据存储和回放模块程序设计 ··· 47

4.7 系统程序测试 ··· 47

4.7.1 串口通信调试 ··· 47

4.7.2 程序模块调试 ··· 48

参考文献 ·· 50

第5章 多功能静力触探系统的标定及实验测试 ································· 51

5.1 CPTU 传感器的静态标定 ··· 51

5.1.1 静态标定原理 ··· 51

5.1.2 锥尖阻力传感器和侧壁摩擦阻力传感器标定方法 ························· 53

5.1.3 孔隙水压力传感器标定方法 ·· 54

5.2 CPTU 传感器静态性能 ··· 54

5.2.1 锥尖阻力传感器静态特性 ··· 54

5.2.2 侧壁摩擦阻力传感器静态特性 ·· 55

5.2.3 孔隙水压力传感器静态特性 ·· 56

5.3 伽马能谱探管的标定 ··· 57

5.3.1 相关元素的谱线 ·· 57

　　　5.3.2　能量分辨率的测试 ……………………………………………… 59
　　　5.3.3　能量线性度的测试 ……………………………………………… 59
　　　5.3.4　峰位稳定性的测试 ……………………………………………… 60
　　5.4　电阻率探管的标定 …………………………………………………… 60
　　　5.4.1　电极系测试单元标定的理论分析 ………………………………… 60
　　　5.4.2　电极系测试单元实验标定的方法 ………………………………… 61
　　　5.4.3　电极系测试单元标定实验结果分析 ……………………………… 62
　　5.5　实验设备与实验场地选择 …………………………………………… 62
　　　5.5.1　试验设备 …………………………………………………………… 62
　　　5.5.2　场地特性和地层分布 ……………………………………………… 63
　　5.6　多功能静力触探数据采集和分析 …………………………………… 64
　　　5.6.1　静力触探曲线分析 ………………………………………………… 64
　　　5.6.2　自然电位曲线分析 ………………………………………………… 66
　　　5.6.3　自然伽马曲线分析 ………………………………………………… 67
　　　5.6.4　声波时差曲线分析 ………………………………………………… 68
　　5.7　测试结果分析与结论 ………………………………………………… 69
　　参考文献 …………………………………………………………………… 70
第6章　CPTU 相关理论及土体分类 ……………………………………… 71
　　6.1　静力触探的贯入机理 ………………………………………………… 71
　　6.2　静力触探的相关理论 ………………………………………………… 72
　　　6.2.1　承载力理论 ………………………………………………………… 72
　　　6.2.2　孔穴扩张理论 ……………………………………………………… 73
　　　6.2.3　应变路径法 ………………………………………………………… 74
　　6.3　孔隙压力静力触探初始超孔隙压力的分布 ………………………… 74
　　　6.3.1　孔穴扩张理论计算式 ……………………………………………… 74
　　　6.3.2　用应力路径法估算初始超孔隙压力 ……………………………… 76
　　　6.3.3　用应变路径法估算初始超孔隙压力 ……………………………… 76
　　　6.3.4　水力压裂理论估算饱和土孔穴扩张产生的初始超孔隙压力 …… 76
　　6.4　孔隙压力静力触探孔隙压力的消散 ………………………………… 77
　　6.5　孔隙水压力静力触探的土体分类方法 ……………………………… 78
　　　6.5.1　CPTU 数据的修正 ………………………………………………… 78
　　　6.5.2　国内 CPTU 分类方法 ……………………………………………… 79
　　　6.5.3　国外 CPTU 分类方法 ……………………………………………… 81
　　　6.5.4　几种土体分类法的特点 …………………………………………… 83
　　参考文献 …………………………………………………………………… 84
第7章　静力触探贯入机理的有限元分析 ………………………………… 85
　　7.1　有限元分析用于静力触探概述 ……………………………………… 85
　　7.2　静力触探贯入的有限元分析方法 …………………………………… 86

    7.2.1　显式非线性动态分析方法 ··· 86

    7.2.2　探杆-土接触模型 ··· 87

    7.2.3　自适应网格技术 ··· 88

    7.2.4　土体的本构模型 ··· 89

  7.3　有限元分析模型的建立 ··· 91

    7.3.1　有限元模型参数设置 ··· 91

    7.3.2　贯入过程的模拟方法 ··· 91

    7.3.3　网格的划分 ··· 91

  7.4　有限元计算的初始条件设置 ··· 92

    7.4.1　锥头贯入过程网格变形 ··· 92

    7.4.2　初始地应力的平衡 ·· 92

  7.5　静力触探贯入有限元模拟分析 ··· 94

    7.5.1　探头贯入时的土体应力状态 ··· 94

    7.5.2　贯入产生的土体位移 ··· 96

    7.5.3　贯入产生的土体塑性应变 ·· 98

  7.6　模拟分析结论 ··· 100

  参考文献 ·· 100

第8章　CPTU 数据融合与地层划分 ·· 101

  8.1　CPTU 曲线的滑动滤波处理 ·· 101

    8.1.1　滑动滤波原理 ··· 101

    8.1.2　滑动滤波算法的改进 ··· 102

    8.1.3　滑动滤波应用实例 ·· 103

  8.2　CPTU 曲线的最优分割 ·· 104

    8.2.1　最优分割法的基本原理 ··· 105

    8.2.2　最优分割自动分层的实例评价 ··· 106

  8.3　CPTU 测量数据的归一化 ·· 107

    8.3.1　均方根归一化 ··· 107

    8.3.2　极限值归一化 ··· 107

  8.4　CPTU 测量数据的融合 ·· 107

    8.4.1　测量曲线的滤波因子 ··· 108

    8.4.2　实对称矩阵的特征值与特征向量 ··· 108

  8.5　CPTU 曲线融合实例分析 ·· 109

    8.5.1　实验过程概况 ··· 109

    8.5.2　CPTU 曲线融合 ··· 110

    8.5.3　融合效果分析 ··· 112

  参考文献 ·· 112

第9章　天然气水合物储层测井响应特征 ·· 113

  9.1　海域天然气水合物测井响应特征 ··· 113

9.1.1　密度测井响应特征 ·· 113

9.1.2　声波测井响应特征 ·· 113

9.1.3　电阻率测井响应特征 ·· 115

9.1.4　中子孔隙度测井响应特征 ·· 115

9.1.5　伽马测井响应特征 ·· 116

9.1.6　井径测井响应特征 ·· 116

9.2　祁连山冻土区天然气水合物测井响应特征 ······························· 117

9.2.1　祁连山冻土区地层概况 ·· 117

9.2.2　祁连山冻土区天然气水合物的蕴藏特点 ································ 118

9.2.3　祁连山冻土区天然气水合物科研钻孔测井数据采集 ···················· 118

9.2.4　DK-1 钻孔的天然气水合物测井响应特征 ······························ 119

9.2.5　DK-3 钻孔的天然气水合物测井响应特征 ······························ 120

9.2.6　祁连山冻土区天然气水合物测井响应特征 ······························ 121

9.3　天然气水合物测井响应的典型特征 ····································· 121

9.4　天然气水合物储层测井评价 ··· 122

9.4.1　孔隙度评价 ·· 123

9.4.2　饱和度评价 ·· 123

参考文献 ·· 125

第10章　测井曲线的多尺度分析与检测 ······································· 127

10.1　测井曲线的多尺度分析 ·· 127

10.2　小波基的选取 ··· 128

10.2.1　几种常用的小波基 ··· 128

10.2.2　小波基的选取的要求 ··· 131

10.3　基于小波变换的边缘检测 ·· 133

10.3.1　测井曲线奇异点与过零点及模极大值点的关联 ························ 133

10.3.2　测井曲线奇异点的小波变换模极大值判别 ··························· 135

10.4　测井曲线的多尺度分析实例 ·· 136

10.4.1　测井曲线的小波去噪分析 ··· 137

10.4.2　测井曲线多尺度分层 ··· 138

参考文献 ·· 140

第11章　测井曲线融合的水合物储层划分 ····································· 141

11.1　测井数据小波去噪预处理 ·· 141

11.1.1　基于小波分析的信号去噪原理 ······································· 141

11.1.2　小波阈值去噪法对测井信号的处理 ··································· 141

11.1.3　小波阈值的选取 ··· 142

11.1.4　小波阈值算法的改进 ··· 143

11.1.5　去噪效果的定量评价 ··· 143

11.1.6　测井曲线去噪实例分析 ··· 144

11.2 基于多尺度边缘检测的测井数据融合 ·· 145
11.2.1 基于小波多尺度边缘检测的融合算法 ·· 145
11.2.2 基于小波多尺度边缘检测的测井数据融合 ···································· 146
11.2.3 实际测井资料应用效果与评价 ·· 148
11.3 测井数据融合的储层划分实例分析 ·· 149
11.3.1 祁连山冻土区天然气水合物钻探和测井作业 ······························ 149
11.3.2 祁连山冻土区天然气水合物测井分析数据选取 ·························· 150
11.3.3 测井数据融合算法的实现 ·· 151
11.3.4 融合效果分析与评价 ··· 152
参考文献 ·· 154
第 12 章 多功能探管用于浅层天然气勘探实验 ·· 155
12.1 多功能静力触探用于浅层气勘探 ·· 155
12.2 多功能静力触探用于浅层气勘探实验 ·· 156
12.2.1 实验场地及地层特点 ··· 156
12.2.2 多功能静力触探工艺的选择 ·· 157
12.2.3 试验过程分析 ·· 158
12.2.4 试验测试结果分析 ·· 158
12.3 测量曲线的小波分析与储层识别 ·· 159
12.3.1 q_t 曲线的多尺度分析 ·· 159
12.3.2 AC 曲线的多尺度分析 ·· 161
参考文献 ·· 162
第 13 章 地基土的工程特性评价 ·· 163
13.1 黏性土的不排水抗剪强度 ·· 163
13.1.1 理论分析法 ··· 163
13.1.2 经验判断法 ··· 164
13.2 黏性土的灵敏度 ·· 166
13.3 黏性土的超固结比 ··· 168
13.3.1 不排水抗剪强度方法 ··· 168
13.3.2 静力触探数据剖面形状方法 ·· 169
13.3.3 直接依靠静力触探数据方法 ·· 169
13.4 砂土的相对密度 ·· 170
13.5 土的比贯入阻力 ·· 172
13.6 土的压缩与变形模量 ·· 173
13.6.1 黏性土 ··· 173
13.6.2 砂土 ·· 174
13.7 静力触探参数与土的压缩模量的相关性 ··· 175
13.7.1 粉性土 ··· 175
13.7.2 黏性土 ··· 176

参考文献 ··· 176
第14章　土体的液化机理与评判 ································ 178
　14.1　土体液化综述 ··· 178
　　14.1.1　土体液化的基本概念 ······························ 178
　　14.1.2　土体液化的定义 ···································· 178
　14.2　土体液化判别法 ··· 179
　　14.2.1　基本判别法 ··· 179
　　14.2.2　标准贯入法 ··· 180
　　14.2.3　静力触探法 ··· 180
　　14.2.4　剪应变法 ··· 181
　　14.2.5　能量法 ··· 181
　14.3　液化评判与分析 ··· 182
　　14.3.1　静力触探液化评判 ··································· 182
　　14.3.2　静力触探液化机理分析 ······························ 182
　参考文献 ·· 186

第1章　多功能静力触探概述

1.1　静力触探技术研究的目的和意义

用圆锥形探头按一定速率匀速压入土中，测量贯入的锥尖阻力（q_c）、侧壁摩擦阻力（f_s）的过程称为静力触探试验（cone penetration test，CPT），是工程地质勘察中的一种原位测试方法。静力触探是将一种金属的探头压入土层中，并根据贯入的阻力来确定其物理力学性质的一种工程地质勘探方法和原位测试手段。在贯入过程中，探头所受阻力是土体物理力学性质的综合反映。静力触探试验的优点在于勘探与测试兼顾、速度快、数据连续、再现性好、操作省力等。如采用电测技术可直接数字显示或自动绘制贯入参数在深度上的变化曲线，在各项基本建设的勘察中显示出效率高、质量好、成本低、用途广的优越性。

近年来随着静力触探方法在岩土工程领域被广泛应用，土的原位测试技术得到了迅猛的发展，以往的仪器功能比较单一，只能连接有限的独立设备，仪器间的封闭性比较强，这些缺点造成了仪器设备硬件升级成本较高，且技术更新周期较长。传统静力触探设备对于一些较为复杂的工程地质问题已经无法满足测量需求，并且工程上要求的测试精度和准确性要求越来越高。20世纪90年代以来，探头的研制朝着多功能方向发展，在新型传感器技术的支持下，出现了如波速孔隙压力静力触探（SCPTU）、电阻率孔隙压力静力触探（RCPTU），可视化静力触探（VisCPT）等，静力触探技术得到了广泛应用和进一步的发展。

为了在一次测试中尽可能得到更多岩土层的信息，研究如何将电阻率测井、声波测井、自然伽马测井等技术与静力触探技术相结合，即在静力触探探管上加装测量波速、电阻率、放射性及温度的探管，实现在一次性测量中获取岩土的多项物理和力学参数。这样可以提供测量精度更高、更可靠、更全面的地层信息，能很好地分辨出较薄的土层。在进行工程地质原位测试的同时，也能进行物探测试，在解决一些特殊的工程地质问题上能发挥着重要作用，相比传统静力触探仪具有显著优势。随着原位测试技术的快速发展，其测试生产成本会进一步降低，具有很好的推广应用价值。因此，研究多功能静力触探技术具有十分重要的实际意义。

1.2　静力触探技术国内外研究现状

1.2.1　国外静力触探发展及研究现状

瑞典铁路工程在1917年就正式采用了螺旋锥头式静探仪，该仪器操作复杂、应用不方便，受外界干扰较大，测试精度较低。1930年荷兰人首次采用尖锥试验，国际上命名为"荷兰锥"，用来测试浅层软土的物理力学性质指标。1932 年荷兰工程师 Barentsen 在国际首次进行静力触探试验，在 1953 年提出了可测量侧壁摩擦阻力（f_s）的方法，并申请了专利。1935 年荷兰 Delft 土壤力学实验室主任 Huizinga 设计了 10 t 的"荷兰锥"贯入设备，并用于研究桩承载力试验。1948 年 Vermeiden 和 Plantema 对荷兰锥进行了改进，在探头上采用了锥形保护措施，用来阻止土体从套管与钢杆之间进入。同一年在荷兰鹿特丹召开的第二届国际土力学与基础工程会议上，该方法被视为最能有效测定锥尖阻力（q_c）的深层测试技术[1-8]。1949~1957 年荷兰 Delft 土力学实验室利用电测探头做了大量试验研究，并成功研制出第一台能测试侧壁摩擦阻力的电测式探头。1965 年荷兰辉固国际集团与荷兰应用科学研究组织联合推出了一种电测式探头，其规格成为国际土力学和地基基础学会标准和许多国家标准的基础[9-13]。

随后，不少国家研制出大量不同的电测式触探仪，在许多著名建筑和重大工程中都大量应用静力触探方法来勘察地基。20 世纪 60 年代后期，辉固国际集团成功研制双桥静力触探仪并成为国际标准。到 70 年代末，将测量土体孔隙压力传感器和电测静力触探仪相结合研制出了孔隙压力静力触探仪（CPTU）[14-16]。1984 年在巴黎召开的土工原位测试交流会议上使得孔隙压力静力触探和其他功能的静力触探技术得到了广泛应用和进一步的发展[17]。

近年来由于测试技术的快速发展，像电感式、光敏式、热敏式、声敏式、电阻应变式等各类不同的传感器不断地更新出现，在静力触探的探头基础上加上不同用途的传感器就形成最新的静力触探技术[18-20]。有的技术已相当成熟，如孔隙压力静力触探（CPTU）和波速孔隙压力静力触探（SCPTU）；有的尚在研究改进阶段，如旁压静力触探（CPTPMT）、电阻率孔隙压力静力触探（RCPTU）、振动静力触探（VibroCPT）与放射性静力触探（RICPT）等技术[21-28]，见表 1-1。

表 1-1　国际静力触探新型传感器一览表

传感器	测量参数	应用情况	机构及时间
侧压力传感器	侧向应力	尚未投入使用	加利福尼亚大学伯克利分校，1990 年
旁压静力触探传感器	应力、应变（确定模量）	有应用，未成熟	荷兰辉固国际集团，1986 年
波速孔隙压力静力触探传感器	横波和纵波波速	广泛应用，已成熟	不列颠哥伦比亚大学，1986 年
电阻率孔隙压力静力触探传感器	电阻率	有应用，基本成熟	荷兰辉固国际集团，1985 年
热传感器	温度、热传导率	尚未投入使用	荷兰辉固国际集团，1986 年
放射性静力触探传感器	重度、含水量	有应用	荷兰 Delft 土壤力学实验室，1985 年
激光荧光传感器	荧光强度	有应用	Hirshfield，1984 年
可视化静力触探	图像、功能、波形	有应用	Hryciw，1997 年

下面是几种最新静力触探技术的测试参数和测试特点。

1）孔隙水压力静力触探测试

孔隙水压力静力触探可测试锥尖阻力（q_c）、侧壁摩擦阻力（f_s）和孔隙水压力（u）。

该仪器的主要特点是灵敏度和分辨率较高，在工程应用中可以判别土类和分层，分析有效应力，估算土的渗透系数和固结系数，修正孔隙水压力对锥尖阻力（q_c）和侧壁摩擦阻力（f_s）的影响，评定土的应力历史、砂土和粉土是否液化，以及估算土的静止侧压力系数等[29-32]。

2）旁压静力触探测试

旁压静力触探可测试锥尖阻力（q_c）、侧壁摩擦阻力（f_s）、固结系数，并绘制旁压曲线。该仪器的主要特点是灵敏度较高并能在不同深度进行试验。在工程应用中可以绘制应力-应变关系曲线，能测量孔体周围的变形量。

3）波速静力触探测试

波速静力触探可测试锥尖阻力（q_c）、侧壁摩擦阻力（f_s）、孔隙水压力（u）、岩土体的横纵波速。该仪器的主要特点是灵敏度高并且费用低，在工程应用中可以确定地基土的波速和动力参数，评定地基土类别，确定场地类别及土的工程性质指标等。

4）电阻率静力触探测试

电阻率静力触探不仅可测试锥尖阻力（q_c）、侧壁摩擦阻力（f_s）、孔隙水压力（u），还能测试多孔介质和孔隙水总电阻率。该仪器的主要特点是快速、经济、一孔多用等，在工程应用中可以用来研究地下介质电阻率随深度变化的规律，还能解决地下水流向、流速及受污染的程度和分布范围。

5）振动静力触探测试

振动静力触探可测试锥尖阻力（q_c）、侧壁摩擦阻力（f_s）和土体的剪切波。该仪器主要特点是具备多种功能，在工程应用中可以模拟地震时的剪切波，评定砂土和粉土的液化形式，分析对比振动与不振动时探头测试的各项参数。

6）放射性静力触探测试

放射性静力触探可测试锥尖阻力（q_c）、侧壁摩擦阻力（f_s）、岩体隐伏构造和地层界线及土体介质的放射性值。该仪器的主要特点是不受外界电磁场的干扰，在工程应用中可以探测放射性污染源，划分地层，预测缓慢变化的动力地质过程。

1.2.2　国内静力触探发展及研究现状

静力触探作为一种新型的土体测试技术于 1952 年引入我国，后因使用和仿制困难而废止。1954 年中国科学院土木建筑研究所（现中国地震局工程力学研究所）研制的双管式静力触探在黄土中进行了原位试验研究[33-35]。20 世纪 60 年代初，静力触探经历了一次技术革命，即利用设有电阻应变传感器的探头，将地下直接感受的贯入阻力传到地面上的二次仪表，因而实现了从地上间接推测转为地下直接测量，进而消除了一系列失真的误差，此项创新是我国在 1962～1964 年成功研发"电阻应变式静力触探"之后，经全国推广，在勘察、设计、科研及教学单位热烈支持并共同投入之下，对其原型的设备方法的改造及实用经验的积累与分析方面做了极大的推进和持续发展，从而形成我国的静力触探体系。1965 年建设部综合勘察研究设计院（现建设综合勘察研究设计院有限公司）进行自行设计并制造出电阻应变式静力触探仪[36-38]，研制成了我国第一个电测探头，并根据近百组对比试验建立了贯入阻力与天然地基承载力的经验公式，为静力触探在国内的推广使用打下了基础。1967 年中南勘察设计院（现中国勘察设计院集团有限公司）和武汉市规划研究院共同研制出了机械传动式静力触探仪，并进行相应的试验；随后铁道部第三勘测设计院（现铁道第三勘察设计院集团有限公司）于 1969 年研制成功了双桥静力触探仪，进一步促进了我国静力触探发展。1974 年，在铁道部（现交通运输部）的主持下，有生产、科研、教学等方面的 26 个单位参加共同对铁道部第三勘测设计院研究的双缸油压静力触探仪做了鉴定定型，经批准批量生产。1975 年开过三次静力触探专业会议，在 5 月，原冶金部所属各勘察单位在武汉举行了静力触探工作会议；9 月原机械工业部的勘探单位在杭州举行了工程地质测试现场会议，静力触探是会议的重点；10 月原水电部有关单位在武汉举行静力触探专业会议，会上有 20 篇技术资料参加交流。1982 年我国学者在巴黎召开的第二届欧洲触探测试会议上介绍了国内特有的单桥和双桥探头，得到与会专家的赞赏。由于设计研制的双桥探头，一方面缺乏实用经验，另一方面测得的侧壁摩擦阻力如何付诸实用一直困惑未决，从而影响了双桥探头的推行。

20 世纪 80 年代初期，我国一直是利用进口孔隙压力静力触探仪来研究此项技术，至 20 世纪 80 年代后期开始研制该设备并逐步加以利用。目前我国静力触探技术虽然得到了广泛应用，但大量使用的仍是单桥和双桥探头[39-41]，而且探头规格与国际通用的不同，给测试成果比较及国际学术交流造成了很大困难。

此外，我国在静力触探有关机理的理论研究，孔隙压力静力触探、海底静力触探、多功能多参数静力触探等新型触探技术及新型静力触探设备的研究等方面与发达国家也存在明显的差距。这些都是需要我们努力改进、完善和创新的地方。

1.3 多功能静力触探相关技术的研究与发展

1.3.1 多功能探头技术的发展

近年来，随着基于静力触探各种新型传感器的不断开发，现代静力触探技术集成了常规静力触探、地震波、电阻率、振动、可视化、侧压力、伽马射线等多种功能模块，实现了探头的多功能化、数字化和多参数化，静力触探技术得到了进一步的广泛应用，并向多领域发展，特别是在岩土工程及海洋工程领域显示出广阔的应用前景。

1981 年，荷兰辉固国际集团首次在海上使用 CPTU 探头[42]，即通过安装在锥尖或锥肩上的孔隙水压力传感器测量贯入过程中探头周围土体中孔隙水压力的变化。为用于海床静力触探测量，自 1970 年该探头增加了测量孔斜的装置。

1981 年，荷兰提出了电阻率静力触探探头以测量地层的电阻率[43]。1987 年 Zuidberg 等研发了一种单电极静力触探探头[44]，1993 年，Campanella 和 Kokan 研发双电极 CPTU（RCPTU）探头[45]，可以同时测出孔隙水压力、水电阻率、土电阻率、侧壁摩擦阻力和锥尖阻力。利用该装置可以对海上工程的水体污染进行评估。

1985 年，荷兰 Delft 土壤力学实验室研发了一种核子密度静力触探探头[46]。放射源安装在锥尖面积为 15 cm^2 的探头上。通过测量放射源穿过土体前后的能级变化得到土体的体积密度。在北海工程勘察中，该装置在中砂或砂质粉土等具有高压缩性的土体中应用效果很好。

1986 年，加利福尼亚大学伯克利分校的 Hunatsman 等研制出侧压静力触探探头[47]，1989 年 Tseng 对其进行了改进。1990 年，不列颠哥伦比亚大学的 Campanella 等把孔隙压力传感器和侧向应力传感器结合起来，使其能同时测出孔隙水压力和侧向应力。

1986 年，剑桥大学研制出旁压静力触探探头，并在荷兰辉固国际集团同仪器中使用。它主要是在静力触探的锥头后装置了一个压力计传感器。该传感器是在锥头装置圆柱状充填有氮气的橡皮模。当贯入预定深度时可以测出该深度的应力和应变，然后由不同深度测出的值绘制出应力-应变曲线，最终可以确定土的不排水剪切强度、剪切模量、原位水平应力和相对密度。

1986 年，不列颠哥伦比亚大学的 Campanella 和 Robertson 等研制成功了地震波探头并应用于海上勘查[48]。该装置既可应用于海床静力触探又可应用于井下静力触探。当地层条件较好时，贯入深度可达 90～100 m。利用测量的平均剪切波速，可以计算出地层的最小应变剪切模量。

除了上述提到的探头外，近年来研究较多的是适用于深海的全流动贯入仪，具有代表性的是 T 形探头（平面应变流）和球形探头（轴对称应变流）[47-49]。与传统的强度测试方法相比，全流动贯入仪测试软土的不排水抗剪强度有如下优点：投影面积较大，可以得到更为精确的不排水抗剪强度，这一点在海洋软土中尤为明显；贯入阻力与软土强度之间的关系具有比较严格的理论解；循环贯入试验可评价重塑土的特性及相关指标等。全流动贯入仪作为一种新型的强度测试元件，在国外海洋软土的原位测试和离心模型试验中具有广泛的应用。

1.3.2　多探管测井技术的应用

电缆随钻测井技术是分析天然气水合物储层的分布、岩石物理特征及其含量非常有效的方法。方位声波和电阻率测量可用于分析薄互层和以裂缝为主的天然气水合物储层的各向异性；伽马和核磁等测井技术可在孔隙尺度上描述天然气水合物的特征[50-53]，进而获取天然气水合物的分布、储层孔隙流体（自由水、黏土和毛管束缚水）情况等重要信息[54]。

在天然气水合物勘探早期，电缆测井因其方法简单、数据准确及成本较低等优势得以应用。然而，在冻土区和海洋沉积环境下，天然气水合物地层普遍存在井眼失稳、取心困难和岩石物理参数失真等问题，电缆测井由于存在探测深度浅、侵入过深和数据信息不及时等缺陷，效果受到一定限制。为了进一步加深对原始地下条件下水合物地层的了解，更及时、更真实地获取原状地层信息，同时利用实时传输的测井数据对目标地层进行精细解释评价，随钻测井技术开始越来越多地应用到天然气水合物勘探作业中。

全球天然气水合物主要勘探项目及测井情况见表 1-2。

表 1-2 全球天然气水合物主要勘探项目及测井情况

区域类型	勘探地区	项目名称	测井方法
冻土	加拿大 Mallik 地区	Mallik 2002	电缆测井：电阻率、声波、伽马、成像等
	美国阿拉斯加北部陆坡	2007 Mount Elbert	电缆测井：伽马、电阻率、中子、密度、电磁、成像、组合式核磁
	俄罗斯西西伯利亚盆地	莫斯科国家大学永久冻土学院 Cryogeology	电缆测井：电阻率、声波、密度等
海洋	危地马拉共和国陆缘	1982 深海钻探项目 DSDP 84 航次	电缆测井：电阻率、声波、密度、中子等
	美国布莱克海台 Blake Ridge	海洋钻探项目 ODP 164 航次	电缆测井：井径、伽马、密度、中子、声波、电阻率
	美国水合物海岭 Hydrate Ridge	海洋钻探项目 ODP 204 航次	电缆随钻测井：密度、中子、声波、电阻率、核磁
	加拿大温哥华外海	2005 综合大洋钻探计划 IODP 311 航次	电缆随钻测井：伽马、密度、中子、电阻率、声波、成像
	日本 Nankai 海槽	日本国际贸易与工业部 MTTI Nankai	电缆随钻测井:伽马、电阻率、声波、核磁等
	墨西哥湾	联合工业项目 JIP Keathley Canyon	随钻测井：伽马、密度、电阻率、声波等
		联合工业项目 JIP II Green Canyon	随钻测井：伽马、中子、密度、电阻率、声波、井径
	印度沿海	国家天然气水合物计划 NGHP-01-10	电缆随钻测井：伽马、密度、电阻率、声波等
	韩国 UIIeng 盆地	UBGH-2	电缆随钻测井：伽马、密度、中子、电阻率、声波
	中国南海神狐海域	海洋钻探项目 ODP 184 航次	电缆测井：电阻率、声波、密度等
		2007 广州海洋地质调查 GMGS-1	电缆测井：伽马、密度、中子、电阻率、声波、井径

1.4 静力触探技术的发展趋势和方向

1.4.1 静力触探技术的发展趋势

1. 向多功能方向发展

地层的原位测试技术是取得原位地层信息的有效手段,为了在一项试验中尽可能多地得到地层的信息,各种原位测试技术在向多功能化方向发展。静力触探探头可测量孔隙水压力、温度、测斜、波速、密度、侧压力、电阻率及放射性等参数,并具有可视化功能。利用多功能静力触探取代部分勘察及室内土工试验工作,不但可以大大缩短钻探及室内土工试验的周期,而且可以提高测试结果的可靠性、准确性,获得明显的社会效益和经济效益。

2. 向无缆触探方向发展

在工程地质勘察过程中静力触探探头上的电缆会带来很多问题,在处理钻杆时耗费时间,而且电缆和连接头容易损坏。因此研制和应用无电缆静力触探显得十分必要。应用无电缆静力触探系统,有许多优点。俄罗斯 Geotech AB 公司自 20 世纪 70 年代开始研制无电缆静力触探设备。为了适应当今对测试精度和可靠性的要求,2000 年,Geotech AB 公司应用现代微处理及数字处理技术研制了一套无电缆系统,通过一个微处理器将测量数据转换成音频信号,沿着探杆传送到安装在地面的检波器。测量数据由静力触探接口接收,通过电缆与地面检波器相连,贯入深度通过光电传感器传给静力触探接口。

3. 向可视化方向发展

静力触探是获得地基土的定量评价、工程设计所需参数的主要手段之一。它所取得的数据远比室内实验所得到的数据准确可靠,更符合地层的实际情况。但静力触探也存在一个很大缺陷:不能对地下地层进行直接观测,必须依据电测地层参数和经验,对地层进行分类、评估,一旦判断错误,有可能导致工程设计的失败。美国密歇根大学的研究者通过在静力触探探头内安装一个微型摄像机解决了这一问题,实现了在贯入过程中实时、连续的获取土体照片,并将图片数据传送到计算机中进行图像处理,根据处理结果进行土体分类,可很好地分辨出薄层土层。

1.4.2　我国静力触探技术的发展方向

1. 加强特殊领域静力触探机理研究

应重点放在浅层油气田勘探、海底地层调查、地质灾害预防等新领域的触探技术与机理研究。如针对海底地层厚度大、饱和松散的新近沉积物与陆地地层的区别和高强度水文过程使海床地层发生液化的可能性判别,在触探机理上更加有针对性的进行研究工作,如海底孔隙压力静探模型槽的设计方面应充分模拟土体以上可能出现的水文过程等。

2. 建立广泛的数据分析与评价体系

应建立一系列的针对不同领域的公式和经验数据库,这需要利用目前领域的静力触探设备及钻探取样等其他测试手段相结合的方法获取各区域的大量测试数据,以形成各领域静力触探的数据分析与评价体系。虽然部分学者并不赞同静力触探数据分析与评价的地区性差异问题,但在目前仍缺少普遍适用的相关公式和数据来看,这样的做法是必要的。

3. 加强静力触探探头和贯入设备的研究

应在深入剖析国外先进技术和工艺的基础上开展研究工作,结合具体的适用方向开发多功能探头,如国外已经使用的地温探头、电导率探头、环境监测探头、旁压探头、旋转探头、伽马射线探头、地震探头、视频探头、磁力探头等;同时紧密结合钻探,电力与液压传动，通信、传感与检测和可视化等各种先进技术，开展针对性的自主创新，研发出相关领域的静力触探系列测试设备。

　　4. 建立面向未来的科研、开发、市场体系

　　开展具有我国自主知识产权的多功能静力触探技术研究，研制相关仪器设备，对于我国资源的勘探开发利用、大型工程建设是十分必要的。加快静力触探技术向油气田勘探、海底地层勘探及其他领域的推广，应加大国家在这些方面的技术与资金支持，并鼓励企业参与到该领域的科研与生产工作，形成产学研一体化的良性循环发展模式，从而推动我国静力触探技术的发展。

参 考 文 献

[1]　黄世铭. 原位贯入试验技术的进展[J]. 勘察科学技术，1990（1）：13-18.

[2]　《工程地质手册》编写委员会. 工程地质手册[M]. 3 版. 北京：中国建筑工业出版社，1992.

[3]　孟高头. 土体原位测试机理方法及其工程应用[M]. 北京：地质出版社，1997.

[4]　唐贤强，谢瑛，谢树彬，等. 地基工程原位测试技术[M]. 北京：中国铁道出版社，1993.

[5]　王钟琦，朱小林，刘双光，等. 岩土工程测试技术[M]. 北京：中国建筑工业出版社，1986.

[6]　朱小林. 原位测试技术新发展[C]//岩土工程测试技术论文选集，1998（4）：142-147.

[7]　LUNNE T，ROBERTSON P K，POWELL J J M. Cone penetration Testing in Geotechnical Practice[M]. Chapman &Hall，1997.

[8]　US Department Of Transportation Federal Highway Administrator. The Cone Penetration test（Publication NO FHWA-SA-91-04）[R]. 1992.

[9]　DE MELLO V F B. The standard penetration test[C]//Proc 4th ISSMFE，Mexico，1971.

[10]　CIVICS W D，EVANS J C，GRIFFITH A H. Towards a more standardized SPT[C]//Proc IX ISMFE，Vol II. Tokyo：Balkama，1979.

[11]　ARCE C M，et al. Compared experience with the SPT[C]//Proc 4th Pan-American conference on SMFE，Vol II. San Juan：Puerto Rico，1971.

[12]　FLETCHER G F A. Standard penetration test-its uses and abuses[J]. Journal of the soil mechanics and foundation engineering，1965（S4）：67-75.

[13]　刘松玉，吴燕开. 论我国静力触探技术现状与发展[J]. 岩土工程学报，2004，26（4）：553-556.

[14]　蔡国军，刘松玉，童立元，等. 多功能孔压静力触探（CPTU）试验研究[J]. 工程勘察，2007，（3）：10-15.

[15]　张诚厚，施健，戴济群. 孔压静力触探试验的应用[J]. 岩土工程学报，1997，19（1）：50-57.

[16]　孟高头，张德波，刘事莲，等. 推广孔压静力触探技术的意义[J]. 岩土工程学报，2000，22（3）：314-318.

[17]　唐贤强，叶启民. 静力触探[M]. 北京：中国铁道出版社，1983.

[18]　刘占友. 静力触探新技术的发展与应用[J]. 铁道勘察，2005，5（4）：39-41.

[19]　黄兴鹊. 静力触探试验新技术[J]. 土工基础，2006.4.

[20]　蔡国军，刘松玉，童立元，等. 现代数字式多功能 CPTU 与中国 CPT 对比试验研究[J]. 岩石力学与工程学报，2009，28（5）：914-928.

[21]　蔡国军，刘松玉，童立元，等. 电阻率静力触探测试技术与分析[J]. 岩石力学与工程学报，2007，26（增1）：3127-3133.

[22]　于小军. 电阻率结构模型理论的土力学应用研究[D]. 南京：东南大学，2004.

[23]　ROBERTSON P K，CAMPANELLA R G，GILLESPIE D，et al. Seismic CPT to measure in situ shear wave velocity[J]. Journal of geotechnical engineering，1986，112（8）：791-803.

[24]　ANDRUS R D，STOKOE K H II. Liquefaction resistance of soils from shear-wave velocity[J]. Journal of Geotechnical Engineering，2000，126（11）：1015-1025.

[25]　ANDRUS R D，MOHANAN N P，PIRATHEEPAN P，et al. Predicting shear-wave velocity from cone penetration

resistance[C]//4th international conference on earthquake geotechnical engineering，Thessaloniki，Greece，2007：1454.

[26]　HEGAZY Y A，MAYNE P W. A global statistical correlation between shear wave velocity and cone penetration data[J]. Geomater Charact，GeoShanghai，ASCE GSP，2006，149：243-248.

[27]　邹海峰，刘松玉，蔡国军，等. 基于电阻率 CPTU 的饱和砂土液化势评价研究[J]. 岩土工程学报，2013，35（7）：1280-1288.

[28]　吴道祥，单灿灿，钟轩明，等. 静力触探的发展及其在岩土工程中的应用[J].合肥工业大学学报，2008，2，31（2）：211-215.

[29]　孟高头，王四海，张德波，等. 用孔压静力触探求固结系数的研究[J]. 地球科学，2001，28（1）：93-97.

[30]　崔新壮，丁桦. 静力触探锥头阻力的近似理论与试验研究进展[J]. 力学进展，2004，34（2）：251-262.

[31]　静力触探协作试验组. 砂类土静力触探机理的模型实验[J]. 长沙铁道学院学报，1984（1）：1-10.

[32]　夏增明，蒋崇伦，孙渝文. 静力触探模型试验及机理分析[J]. 长沙铁道学院学报，1990，8（3）：1-10.

[33]　孟高头，鲁少宏，姜珂，等. 静力触探机理研究[J]. 地球科学——中国地质大学（武汉）学报，1997（4）：420-423.

[34]　陈强华，俞调梅. 静力触探在我国的发展[J]. 岩土工程学报，1991，13（1）：84-85.

[35]　康晓娟，李波. 国外静力触探技术发展现状及未来趋势[J]. 岩土工程界，2008，11（5）：63-65.

[36]　王钟琦. 我国的静力触探及动静触探的发展前景[J]. 岩土工程学报，2000，22（5）：517-522.

[37]　王钟琦. 再谈我国的静力触探及动静触探的发展前景[J]. 岩土工程学报，2001，23（3）：384-386.

[38]　王钟琦. 电阻应变式静力触探及其应用[J]. 建筑工程部设计院，综合勘察院专刊，1964：8.

[39]　WANG Z Q，LU W X. On the standardization of SPT and cone penetration test[C]//Proc 2nd European symposium on penetrationtesting. Paris：A A Balkama，1982：175-182.

[40]　WANG Z Q，JOHN. Problems and progress in pressmemeter application[C]//Second China-Japan joint symposium on recent development of theory and practice on geotechnoloty. Hong Kong：HKU，1999：421-428.

[41]　WANG Z Q. Some experience with electrical static penetrometer[C]//Bulletin of the Intentional Association of Engineering Geology. No.18. Spain：Krefeld，1978：181-192.

[42]　TAND K E，FUNEGARD E G. Predicted/Measured bearing capacity of shallow footings on sand. Proceedings of the International Symposium on Cone Penetration Test[J]. Swedish geotechnical Society. 1995：23-37.

[43]　BURNS S E，MAYNE P W. Penetrometers for soil permeability and chemical detection[C]. Atlanta：Georgia Institute of Technology，1998：7-14.

[44]　CAMPANELLA R G. Geo-environmental site characterization of soils using in-situ testing methods[C]//Asian Institute of Technology 40th Year Conference. New Frontiers & Challenges，1999：10.

[45]　DAVIES M P，CAMPANELLA R G. Piezozone technology：Downhole geophysics for the geo-environmental characterization of soil[C]// SAGEEP 95，Orlando，Florida，1995：18-22.

[46]　TJELTA T I，TIEGES A W，SMITS F P，et al. In situ density measurements by nuclear backscatter for an offshore soil investigation[C]//Proceedings of the Offshore Technology Conference，1985：201-206.

[47]　JEFFERIES M G，JONSON L，BEEN K. Experience with measurement of horizontal geostatic stress in sand during cone penetration test profiling[J]. Géotechnique，1987，37（4）：484-498.

[48]　CAMPANELLA R G，ROBERTSON P K，GILLESPIE D. A seismic cone penetrometer for offshore applications. Proceedings of the Oceanology International'86，international conference：Advances in Underwater Technology[J]. Brighton，UK：Ocean Science and Offshore Engineering，1986，6：51.

[49]　刘松玉，吴燕开. 关于我国静力触探技术（CPT）现状与发展[J]. 岩土工程学报，2004（4）：553-556.

[50]　张诚厚. 孔压静力触探应用[M]. 北京：中国建筑工业出版社，1999.

[51]　SENNESET K，JANBU N，SRAN G. Strength and deformation parameters from cone penetration tests[C]//Proc. of the 2nd ESOPT. 1982，2：863-870.

[52]　JONES GRAY A，RUST ELEN. Piezometer probe（CPTU）far-subsoil identification[J]. International symposium soil and rock investigation by in-situ testing. 1983：1-19.

[53]　CAMPANELLA R G，ROBERTSON P K. Current status of the piezo-zone tests[C]//Proc. ISOPT-1，1988，1：93-116.

[54]　张诚厚. 一种用孔压圆锥贯入试验测定软土的新分类图[J]. 水利水运科学研究，1990（4）：427-438.

第 2 章　多功能静力触探技术

传统静力触探设备功能比较单一,不能同时测量多个参量,有时无法满足工程地质勘察的需要。多功能静力触探技术是将静力触探与电阻率测井、声波测井和自然伽马测井技术相结合,在一次测试中得到岩土体的多个物理参数和力学参数,在解决一些特殊的工程地质问题上有着重要作用。

2.1　静力触探技术

2.1.1　静力触探技术原理

静力触探的工作原理是用静力将探头压到土层中去。在贯入过程中,由于地层中的各种土的物理力学性质不同,探头遇到的阻力也不同,有的土软,阻力就小,有的土硬,阻力就大。土的软硬正是土的力学性质的一种表现。所以贯入阻力是从一个侧面反映了土的强度。根据这种内部联系,利用探头中的阻力传感器,通过电子量测记录仪将贯入阻力显示和记录下来,并利于贯入阻力和土的强度之间存在的一定关系,确定土的力学指标,划分土层,并进行地基土评价和提供设计所需的参数。其原理如图 2-1 所示。

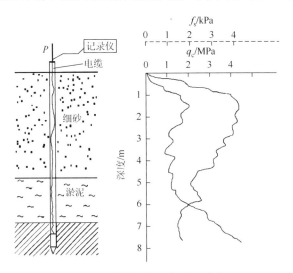

图 2-1　静力触探示意图及曲线

当静力触探的探头在静压力作用下,匀速向土层中贯入时,探头附近一定范围内的土体受到压缩和剪切破坏,同时对探头产生贯入阻力。一般来说,同一种土层中贯入阻力大,土层的力学性质好,承载力高。反之,贯入阻力小,土层软弱,承载力低。在生产中利用静力触探与土的野外载荷试验对比,或静力触探贯入阻力与桩基承载力及土的物理学性质的指标对比,运用数理统计的方法,可以建立各种相关方程（经验关系）。这样,只要知道土层的贯入阻力即可确定该层土的地基承载力等指标参数[1]。

2.1.2　静力触探的地层划分

划分地层是静力触探的基本应用之一,单独根据锥尖阻力、侧壁摩擦阻力曲线的分层称为力学分层。但这不是目的,必须结合钻探取样资料或当地经验,进一步将力学分层变为工程地质分层。划分地层的根据在于探头阻力的大小与土层的软硬程度密切相关。目前我国一般采用双桥探头确定静力触探参数,以此来判别土的类型及确定土的名称。

铁道部第一勘察设计院曾提出采用综合法划分土类的方法,用 R_f、q_c 最大值、曲线形态等来分层。通过黏土、粉质黏土、粉土及粉细砂的静力触探资料的对比,分别按土类从曲线形态、锥尖阻力（q_c）、侧壁摩擦阻力（f_s）、摩阻比（R_f）四项进行定性分析,从中得出比较显著的不同特征,可以作为划分土类的基本标志。

杂填土:曲线变化无规律,会出现突变现象,由于其位于表层,比较好判定。

黏土:q_c 曲线比较平缓,有缓慢的波形起伏,局部略有向右突峰,f_s 曲线略有突峰,在曲线右侧且距离较大,R_f 平均值一般大于 2.5,如图 2-2 所示。

粉质黏土:q_c 曲线比较平缓,有缓慢的波形起伏,局部略有向右突峰,f_s 曲线局部略有突峰,与 q_c 曲线距离较近,大部位于 q_c 曲线右侧局部交叉越到左侧,R_f 平均值为 1.0～2.5,如图 2-3 所示。

粉土:q_c 值较大,曲线呈钝锯齿状,齿峰较缓,f_s 曲线一般位于 q_c 曲线右侧,局部间隔较大,但偶尔也和 q_c 曲线左右穿插。R_f 平均值一般为 0.9～2.0,如图 2-4 所示。

粉细砂:q_c 值较大,曲线呈尖锐锯齿状,f_s 曲线一般和 q_c 曲线间隔较小,曲线尖峰处大部分位于 q_c 曲线左侧;细砂中 q_c 曲线和 f_s 曲线的尖齿更为剧烈,局部呈不规则的、残破的大锯齿状,f_s 曲线大部分位于 q_c 曲线左侧。R_f 平均值一般为 0.8～1.3,如图 2-5 所示。

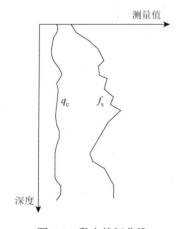

图 2-2　黏土特征曲线

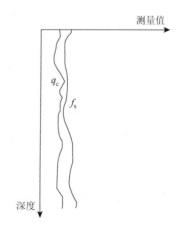

图 2-3　粉质黏土特征曲线

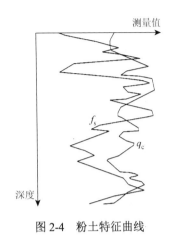

图 2-4　粉土特征曲线

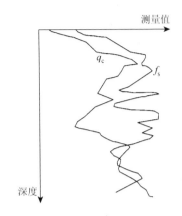

图 2-5　粉细砂特征曲线

表 2-1 为通过双桥探头实验建立的平均锥尖阻力（q_c）、侧壁摩擦阻力（f_s）和摩阻比（R_f）与各类土的对应关系。该表可作为划分地层的依据。

表 2-1　各类土中静力触探测试参数的一般取值范围

岩性	q_c/kPa	f_s/kPa	R_f
黏土	650~1300	18~40	>2.5
粉质黏土	650~1300	6~25	1.0~2.5
粉土	1900~8000	18~100	0.9~2.0
粉砂	>4500	>40	0.8~1.3
细砂	>5000	>45	0.8~1.3

从参数取值范围可以看出：锥尖阻力、侧壁摩擦阻力、摩阻比在不同土类中均有不同的取值范围，并有一定的规律性。由黏性—粉土—粉细砂，随着黏粒含量的逐步减小和细颗粒向粗颗粒逐渐增大，q_c 和 f_s 平均值逐渐增大，R_f 平均值一般逐渐减小。

孔隙水压力静力触探技术是一种具有速度快、数据连续、再现性好、操作省力等优点的新型原位测试技术。孔隙水压力静力触探技术是把测量孔隙水压力的传感元件与标准的静力触探组合在一起，在测定锥尖阻力（q_c）和侧壁摩擦阻力（f_s）的同时，测量土的孔隙水压力 u；当停止贯入时，还可量测超孔隙水压力（Δu）的消散，直至超孔隙水压力全部消散完，达到稳定的静止孔隙水压力（u_0）。目前，孔隙水压力静力触探在地质勘察中已得到广泛应用。

探头借助机械力量压入土中时，终端记录锥尖阻力（q_c）和侧壁摩擦阻力（f_s）及土的孔隙水压力（u）随深度的变化曲线，具有快速、可靠、经济和连续的优点。由于不同的土质，反映到 q_c-h、f_s-h、R_f-h、u-h 曲线上，会呈现出土壤成分的分布规律，利用这个规律可以对土体进行分层[2]，如图 2-6 所示。

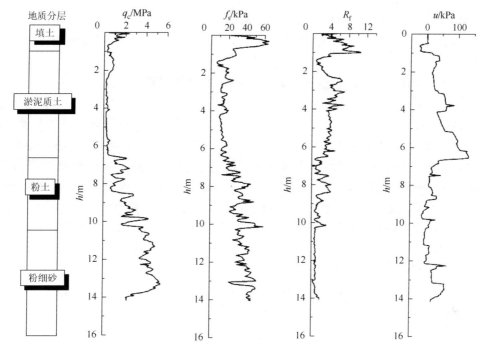

图 2-6　孔隙水压力静力触探曲线划分地层

根据孔隙水压力静力触探曲线划分土层的原则：锥尖阻力小、摩阻比较大、曲线平缓、无突变的曲线段所代表的土层为淤泥、淤泥质土；锥尖阻力较小、摩阻比较大、曲线变化小的曲线段所代表的土层多为黏土；锥尖阻力大、摩阻比较小、曲线呈急剧变化的锯齿状的曲线段所代表的土层则为砂土。

2.2　声波速度测井技术

2.2.1　声波速度测井原理

声波测井作为测井的一种方法，利用声波在岩土体中传播时，幅度的衰减、速度或频率的变化等声学特性来研究岩土体等[3]。声波测井因自身的优点和可靠性发展成为测井中的重要组成部分。目前采用的声波勘察方法是地球物理技术中发展最快、应用最广泛、理论最完善的方法。声波测井是测量沿钻孔剖面上岩土体的声学特性，通过声波在岩土体中的传播，根据衰减规律来了解岩层，判断岩性。声波测井中普遍采用的方法是声波速度测井，因岩土体的密度、孔隙度和孔隙中的充填物不同，超声波在岩层中的传播速度存在差异。由于钻孔周围声学介质的不均匀，声波在传播时有不同的衰减程度。

声波测井需要产生一个人工声场并设法接收通过地层传播的声波信号，这种由发射器和接收器组成的探测器称为声系，探测仪中的发射器和接收器装置是沿竖轴排列的。根据接收器可将声波测井分为单发单收和单发双收，单发单收装置比较简单，会受井径等因素影响，现在普遍采用单发双收装置。两个接收器接收的声波包括了声速在井液中传播的延时，它们的差即在岩土层传播的时差。声波测井主要应用是以声波在不同介质的传播速度差异来划分岩层。当岩层、矿层与围岩的密度、孔隙度相差甚大，声速测井资料上会有很好的反映。

单发双收声速测井仪器包括三个部分：声系、电子线路和隔声体。声系由一个发射器 T 和两个接收器 R_1、R_2 组成，其中发射器和接收器之间的距离称为源距，相邻接收器之间的距离称为间距。如图 2-7 所示，电子线路提供脉冲电信号，触发发射器 T 发射声波，接收器 R_1、R_2 接收声波信号，并转换为电信号。用压电陶瓷晶体制作发射器和接收器，这种晶体具有压电效应，即能完成电能和机械能的相互转换。测井仪工作时，电子线路每隔一定时间（通常为 50 ms）激发一次发射器，使其产生振动，其振动频率由晶体的几何尺寸及几何形态而定。目前，声波速度测井仪所用晶体的固有振动频率为 20 kHz。此外，为了防止发射器发射的声波经仪器外壳直接传到接收器，故在仪器上加装了隔声体，以免对地层测量造成干扰。

发射器在井内产生声波通过接收器记录首波到达时间，根据首波到达时间来确定首波的传播速度，同时确保首波就是地层纵波。发射器在井内产生声波，声波向周围介质中传播。由于泥浆声速 V_f 与地层声速 V_P、V_S 不同（V_P 为地层纵波速度，V_S 为地层横波速度），声波会在泥浆和地层的分界面（井壁）上发生反射和折射。发射器可在较大的角度范围内向外发射声波，因此，必有以临界 θ（$\sin\theta = V_f/V_P$）入射到界面的声波，在地层中产生沿井壁传播的滑行波。根据边界条件，沿井壁传播的滑行波将在泥浆中产生泥浆折射波，被井内接收器接收记录。

发射器发射的声波以泥浆纵波形式传到井壁，在井壁地层中产生折射纵波及折射横波。在硬地层（$V_S > V_f$）内，既存在滑行纵波，也存在滑行横波，但由于滑行横波速度低于滑行纵波速度（$V_P/V_S > 1.5$），所以地层滑行纵波先于滑行横波到达接收器。在软地层（$V_S < V_f$）内，只能产生滑行纵波。此外，还有经过仪器外壳和泥浆传播到接收器的直达波和反射波。传播示意图如 2-8 所示。

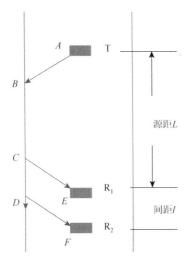

图 2-7　声速测井原理图

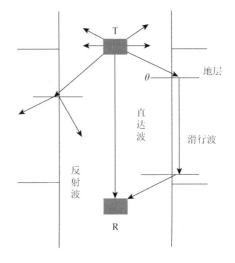

图 2-8　井内声波传播示意

如果发射器在某一时刻 t_0 发射声波，根据几何声学理论，声波经过泥浆、地层、泥浆传播到接收器，其传播路径如图 2-7 所示，即沿 $ABCE$ 路径传播到接收换能器 R_1，经 $ABCDF$ 路径传播到接收换能器 R_2，到达 R_1 和 R_2 的时刻分别为 t_1 和 t_2，那么到达两个接收换能器的时间差为

$$\Delta T = t_2 - t_1 = \left(\frac{AB}{V_f} + \frac{BC}{V_P} + \frac{CD}{V_f} \right) = \frac{CD}{V_P} + \left(\frac{DF}{V_f} + \frac{CE}{V_f} \right) \tag{2-1}$$

可认为 $CE = DF$，所以

$$\Delta T = \frac{CD}{V_P} = \frac{l}{V_P} \tag{2-2}$$

因为地层间距（CD）与接收器的距离相等，时间差只随地层速度变化，所以 ΔT 的大小反映了地层声速的高低。声速测井实际上记录的地层时差，测量时由地面仪器通过把时间差 ΔT 转变成与其成比例的电位差的方式来记录时差 t。仪器记录点在两个接收器的中点，下井仪器在井内自下而上移动测量，便记录出一条随深度变化的时差曲线，声波时差的单位是 μs/m 或 μs/ft[①]。

2.2.2　声波速度测井的地层划分

1. 划分地层岩性

声波在地层中的传播速度是岩石密度和弹性的函数。根据声速测井曲线可以划分各种不同岩性的地层。由于不同地层具有不同的声波速度，根据声波时差曲线可以划分不同岩性的地层。在砂泥岩剖面中，砂岩声速一般较大（时差较低）。声波时差与砂岩胶结物的性质和含量有关，通常钙质胶结砂岩的声波时差比泥质胶结砂岩的低，并且声波时差随钙质含量增加而减小，随泥质含量增高而增高。泥岩的声波速度小（声波时差显示高值）。页岩的声波时差介于砂岩和泥岩之间。砾岩的声波时差一般都较低，并且越致密声波时差越低。在碳酸盐岩剖面中，致密石灰岩和白云岩的声波时差最低，如含有泥质，声波时差稍有增高；当有孔隙或裂缝时，声波时差明显增大，甚至有可能出现声波时差曲线的周波跳跃现象。在膏盐剖面中，无水石膏与岩盐的声波时差有明显的差异，盐岩部分因井径扩大，时差曲线有明显的假异常，所以可以利用声波时差曲线划分膏盐剖面。声波时差曲线可以划分地层岩性，如果地层孔隙度、岩性在横向上比较稳定，用声波时差曲线也可以进行井间地层对比[4]。表 2-2 是部分介质中纵波的传播速度及声波时差。

表 2-2　声波在不同介质中的传播速度

介质	纵波速度/(m/s)	纵波时差/(μs/m)	密度/(g/cm³)
水	1530～1620	655～620	1.00
空气	330	3000	0.001293

①1ft = 3.048×10⁻¹ m。

续表

介质	纵波速度/(m/s)	纵波时差/(μs/m)	密度/(g/cm³)
泥浆	1500	666	1.20
泥岩	1830～3962	548～262	2.45
砂岩	3720～4900	268～200	2.61
石灰岩	6400～7000	156～143	2.80
煤层	180～2400	555～416	1.00～1.90
白云岩	7900	125	2.87
花岗岩	4500～6000	222～167	2.72
片麻岩	6000～6500	167～154	2.70

2. 确定岩体的完整性系数

由于受到了氧化与风化，岩石的胶结程度会受到不同程度的影响，甚至会出现破碎，导致强度减弱、密度减小、波速减小。将完整的岩石声波速度与所测得的声波速度进行比较就会发现，岩石的疏松与破碎的程度能够通过波速的减少量来判断，因此对岩层的氧化带、风化都能够加以确定。岩体是极其复杂的，根据钻孔资料只能对岩体做定性的描述，却无法定量的评价，这意味着岩体等级的划分缺乏明确的判据，带有主观随意性。利用声波测井资料确定岩体的完整性系数可以弥补这一缺点，见表 2-3。

表 2-3　岩体等级划分表

分类等级	岩体完整性系数 K_v	完整程度
1	$K_v>0.75$	完整
2	$0.75 \geq K_v>0.55$	较完整
3	$0.55 \geq K_v>0.35$	较破碎
4	$0.35 \geq K_v>0.15$	破碎
5	$K_v \leq 0.15$	极破碎

另外，声波速度测井曲线对岩体的破碎、节理裂隙发育和软弱夹层均有明显的反应。其具体特征：声速曲线变化幅度大，或呈现锯齿状，或呈现跳跃状等，波速高值与低值交替出现，但波速平均值较低，从而出现声速"低值异常带"[5]。

3. 计算地下岩体的弹性参数

根据弹性力学知识，介质当中的弹性参数可以通过介质密度 ρ，介质中声波传播的纵波 V_P 与横波速度 V_S 来加以确定。

$$E = \frac{\rho V_S^2(3V_P^2 - 4V_S^2)}{V_P^2 - V_S^2} \tag{2-3}$$

$$\delta = \frac{V_P^2 - 2V_S^2}{2(V_P^2 - V_S^2)} \tag{2-4}$$

$$\mu = \rho V_S^2 \tag{2-5}$$

$$k = \rho(V_P^2 - 4/3V_S^2) \tag{2-6}$$

式中：E 为介质的弹性模量；δ 为泊松比；μ 为体积模量；k 为切变模量。

在声波速度测井中，一般提供的是纵波时差 Δt_P，并且将其换算成为 V_P，通过经验公式，我们能够计算得到

$$V_S = V_P \left(1 - 1.15 \frac{1/\rho + 1/\rho^3}{e^{1/\rho}} \right)^{3/2} \tag{2-7}$$

声波速度测井还在孔隙度、渗透率测定、滑坡研究及地震预报中得到了应用。实践证明，声波测井在工程地质中是一种应用范围较广泛的有效测试技术。

2.3　普通电阻率测井技术

2.3.1　普通电阻率测井原理

普通电阻率测井又称视电阻率测井，它是地球物理测井中最基本最常用的测井方法，根据岩土体的电阻率差异来划分钻孔地质剖面，研究和解决井下的一些地质问题。电阻率测井根据不同测量原理有不同测井方法，包括梯度电极系测井、电位电极系测井和自然电位测井。

根据电场理论，岩石电阻率只有当给岩石供以一定的电流时才能测定，所以在进行电阻率测井时，必须要有电源、供电线路和测量线路。如图 2-9 所示，电源和供电电极 A、B 组成的回路为供电线路，它通过 A 电极供给电流 I，通过 B 电极返回电源，由此在钻孔内建立电场。由检流计和测量电极 M、N 组成的回路为测量线路，测量 M 与 N 电极之间的电位差为 ΔU_{MN}。

置于井中的电极，称为下井电极；留在地面的电极，称为地面电极。由下井电极组成的一个可移动但相对位置不变的体系，常称为电极系。测井是在电极系从井底以一定的速度向井口移动时进行的，在电极系提升过程中，由记录仪测量并绘制 M、N 之间沿井深变化的电位差曲线，再根据电场与电阻率的关系，换算成沿井深变化的岩土体电阻率曲线。由此可知，电阻率测井的实质是研究钻井剖面各种不同岩层中电场分布的特征[6]。

当不考虑钻孔影响，假设电极系周围的介质是电阻率为 ρ 的均匀无限各向同性的岩土体，考虑到电极的尺寸远小于电极之间的距离，以及地面电极至电极系的距离远超过电极系长度，则电极可视为点电极，且地面电极的影响忽略不计。这样普通电阻率测井的理论就简化为计算点电源在均匀无限各向同性介质中的电场分布问题，如图 2-10 所示，该电场中测量电极 M、N 之间的电位差为

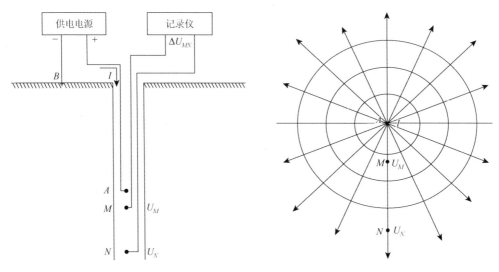

图 2-9　普通电阻率测井的测量原理　　　　　　图 2-10　点电源电场

$$\Delta U_{MN} = \frac{MN}{4\pi \overline{AM} \times \overline{AM}} I \rho \tag{2-8}$$

并由此得到岩石电阻率为

$$\rho = K \frac{\Delta U_{MN}}{I} \tag{2-9}$$

$$K = 4\pi \frac{\overline{AM} \times \overline{AN}}{\overline{MN}} \tag{2-10}$$

式中：K 为电极系系数；I 为供电电流（恒流供电），mA；ΔU_{MN} 为测量电极 M、N 之间的电位差，mV。

　　在电极系中，把连接在同一回路如供电线路或测量线路中的电极叫作成对电极；把电极系中与地面电极构成同一回路的单独电极叫作不成对电极。将电极系中两个成对电极之间的距离，称为成对电极的距离；把不成对电极至邻近的成对电极之间的距离，称为不成对电极的距离。在普通电阻率测井中，按照成对电极和不成对电极之间距离的差异，将电极系分为电位电极系和梯度电极系两类。电极系的书写形式为电极在井中自上而下排序的符号串。若需表示电极系的长度，则可将成对电极和不成对电极之间的距离以米为单位标注在相应的电极符号之间。

2.3.2　视电阻率

　　实际上电极系周围的介质并不是均匀无限的,在钻孔中所测得的电阻率并不是岩石的真电阻率，而是在其探测范围内各介质综合影响的等效电阻率，称为视电阻率（R_a），单位为 Ω·m。其关系式为

$$R_a = K \frac{U_{MN}}{I} \tag{2-11}$$

　　上述视电阻率与电极系周围介质（目的层上下围岩和泥浆）的电阻率、介质的分布（地层的厚度与产状、钻孔倾斜的顶角与方位、井径）、电极系的探测范围及电极系在钻孔中的位置等多种因素有关。只有当探测范围相当大使钻孔的影响可以忽略不计，以及目的层的厚度超过探测范围时，目的层中心的视电阻率才近似等于该层的真电阻率；否则，经校正后才是真电阻率的近似值[7]。

　　每种测井方法均有一定的探测范围，探测范围是测井方法探测能力的指标之一，为便于比较，各种方法的探测范围应有统一的概念。因点电场的电流分布与周围介质电阻率，尤其与介质不均匀情况密切有关，故实际探测深度变化较大。一般电位电极系探测深度为3～5倍电极距；梯度电极系取1～2倍电极距。引入探测范围的概念之后，普通电阻率测井所得的电阻率可理解为该电极系探测范围内介质的电阻率。

2.3.3　电阻率测井的地层划分

　　在具体的地质条件下，采用适当的测井方法，能取得准确的测井资料。这些资料还要经过整理、计算、综合研究才能说明地质问题。目前电阻率测井在工程上应用比较成熟，测量解释地层的信息比较准确，该技术在工程勘察应得到推广。

1. 划分岩性和确定岩层界面

　　可以根据视电阻率将钻井剖面划分为高阻层和低阻层，再结合本区的地质条件和其他资料可具体划分岩土层。例如，在砂泥岩剖面上，一般高阻层为砂岩，低阻层为泥岩，但有电位异常的低阻层也是砂岩（含盐水）。在底部梯度曲线上，高阻层底面出现极大值，顶面出现极小值，顶部梯度则相反。电阻率曲线反映了地层的分布状态，与地质钻孔中地层的分布状态基本一致，解释精度较高，可为工程设计提供相应的设计参数。

2. 定性判断油气层、水层

　　粗略判断油气层、水层主要看长电极曲线。在岩性和地层视电阻率基本相同的井段内，储集层电阻率最低或者较低者为水层，电阻率明显高于水层电阻率3～5倍者为油气层。

3. 判断岩土层的饱和度和含水率

　　土层在含水率一定的情况下，饱和度的大小直接影响土的电阻率大小。土的临界饱和度是指保持土颗粒周围有连续水膜存在的土体最小含水率。当土的含水率小于临界饱和度时，土的电阻率会陡然增大。随着饱和度的增大，电阻率呈幂函数关系减小。当土接近饱和时，电流几乎通过孔隙水传导，土的电阻率趋于稳定，约等于孔隙水的电阻率。

　　对于电阻率较低的细砂来说，电流主要靠孔隙水来传导，固体颗粒和孔隙中的空气可以近似看作绝缘体。土的孔隙水中阳离子含量的高低决定了孔隙水导电性的强弱，从而在很大程度上影响着整个土体电阻率的大小。土体的电阻率主要受其含水率的影响，在孔隙度一定的情况下，含水率增大则电阻率降低，特别是含水率较小时，含水率的较小变化就能引起电阻率的显著变化。

目前，在岩土工程勘察中已有将静力触探与电阻法相结合的施工案例，在测量土层锥尖阻力的同时测量各层土的电阻。根据土层电阻的曲线变化可划分土层的种类。特别对确定砂土中的地下水位有明显的变化。如中国电力工程顾问集团东北电力设计院有限公司将梯度电极系装在触探头的装置中，像静力触探一样压入土层中，每压入 0.2 m 测试一次电阻率。电极系和地层直接接触，地层岩性的变化立即引起电阻率的明显变化。根据电阻率曲线的变化，可划分各类土层。如地下水位以上的干燥粉砂电阻率高，其值均在 150 Ω·m 以上，一接触水位立即降到 100 Ω·m 以下，其值和水位处的岩性有关。

由于电阻率测试结果受到多种因素的影响，与传统的岩土工程参数相比，电阻率参数是一个综合性指标。该参数很典型的特点：对于同一种类型的土层，其电阻率变化范围可能很大，而不同类型土层的电阻率值域存在重叠现象。

因此不能仅依赖电阻率大小来对土层进行分类。在对土层的工程性质进行电阻率分析时，需要参考并结合其他指标进行联合分析。

2.4　自然伽马能谱测井技术

2.4.1　自然伽马能谱测井基本理论

1. 探测伽马射线原理

伽马射线与物质相互作用的三种效应（电子对效应、康普顿效应和光电效应）将产生次级电子，这些电子能引起物质中的原子电离和激发。绝大多数伽马射线探测器都是利用这两种物理现象来探测伽马射线。

电离作用是带电粒子与组成物质原子的束缚电子发生非弹性碰撞的结果。带电粒子与束缚电子间的静电作用，使束缚电子产生加速作用，从而获得足够的能量而变成自由电子。产生的一个自由电子和正离子组成离子对，这种电离过程称为直接电离。假如直接电离产生的电子仍有足够的能量，它就能按前述过程产生离子对，这个过程称为次级电离。β 粒子或电子穿过气体时，直接电离约占 20%～30%，其余为次级电离。收集电离电荷的探测器有氦-3 中子正比计数管和盖革-米勒计数管等。

如果束缚电子获得的能量还不足以使它成为自由电子，而只能激发到更高的能级，这种现象称为激发作用。受激发的原子在退激的过程中放出光子，发生闪光，收集闪光的探测器是闪烁计数器。测井仪器中主要使用闪烁计数器，其次是盖革-米勒计数管等。

2. 闪烁计数器

闪烁计数器是利用荧光物质的闪烁现象记录核辐射的装置。它既能探测各种带电粒子，又能探测中性粒子；既能探测粒子的强度又能探测其能量。它的探测效率能够区分两个顺序入射粒子的最小时间（分辨时间）短，是放射性核测井应用最广的探测器。闪烁计数器的探头是一个封闭的暗盒,内有闪烁体、光导、光电倍增管三个部件。闪烁体是碘化钠晶体,并掺有一定量的铊作为激发剂。光导是闪烁体与光电倍增管光阴极之间所加的导光物质,通常是硅油,其作用是大部分荧光光子能射出闪烁体,并被吸引到光阴极上;光电倍增管是将光脉冲变成电脉冲的器件,将极微弱的光成比例地变成较大的脉冲,并且响应时间快。

闪烁计数器记录辐射粒子的过程是:当自然伽马射线进入晶体后,闪烁体的原子吸收入射粒子的能量,产生电离激发,退激时发出荧光。光子轰击光电倍增管敏感的光阴极表面,由于光电效应产生一定数量的光电子,这些光电子达在光电倍增管的打拿极上,电子数逐级倍增。倍增后的电子到达光电倍增管的阳极,形成电流脉冲,电流脉冲在阳极负载电阻上产生负电压脉冲。该负电压脉冲可以通过电容耦合到后级电路。脉冲计数率与射入晶体的伽马射线强度成正比。其分辨时间是 $10.8\sim10.9$ s,闪烁体的探测效率可达 20%左右,闪烁计数器和计数率-电压曲线如图 2-11 所示。

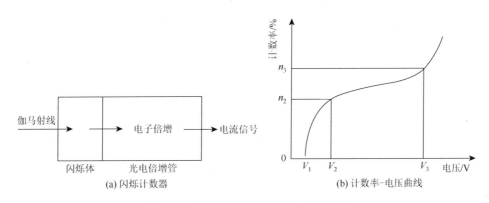

(a) 闪烁计数器　　　　　　　　　　(b) 计数率-电压曲线

图 2-11　闪烁计数器与计数率-电压曲线

当电压低于临界电压 V_1 时,计数器不能计数;当电压超过临界电压后,计数器开始计数。临界电压与计数器内部特性有关。当外加电压在 V_1 和 V_2 之间时,计数率随外加电压的增高而增高。当外加电压超过 V_2 后,计数器开始进入稳定区,计数率基本保持不变。当电压大于 V_3 后,计数率迅速增加。这种特性就是坪特性,V_2 至 V_3 之间的区域称为坪区。为了减小电压变动对计数率的影响,闪烁计数器一般工作在坪区的中央。随钻伽马测量仪使用的是 MWD 仪器专用的伽马探测器,它具有较高的性能指标,使其可以用于恶劣的井下环境中。伽马探测器的坪区为 $1000\sim2000$ V。

通过以上分析,可以看出闪烁计数器在分辨时间和探测效率方面比盖革-米勒计数器明显要高,但是闪烁计数器的尺寸和价格较贵。闪烁体自然伽马探管在石油自然伽马测井中应用比较广泛。因地质仪器受到闪烁体尺寸的制约,在地质测井上,闪烁体自然伽马探管比较少见。

3. 光电倍增管

光电倍增管如图 2-12 所示。闪烁晶体发射的光子通过光耦合射到光电倍增管的光电阴极上。通常，光电阴极由光致发射材料构成。例如，将铯化合物喷涂在玻璃管壳内部，形成半透明的薄膜层。它接受入射的光子后，发射出光电子。在聚焦电极 D 的作用下，光电阴极上轰出的光电子聚焦到电极 D_1。D_1 到 D_{10} 是相同的电极而依次递增相等的电压（80～150 V）。这些电极称为次阴极或打拿极，用于产生二次电子，当电子轰击这些电极时，会有 3～6 倍的二次电子产生。从每一极打出的二次电子又被加速轰击后一级电极，从而产生更多的电子。这个过程一直持续下去，可以将光电阴极上所产生的电子增大到极大的数目。最后在信号输出端产生脉冲输出。

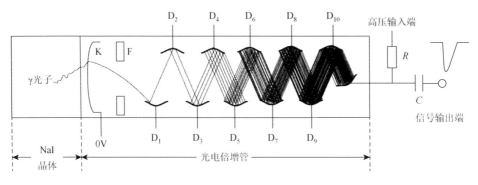

图 2-12 闪烁体探测器结构图

光电倍增管的放大倍数就是阴极所收集到的光电子为光阴极射出的光电子的倍数。由于次阴极级间电压是固定的，次阴极每级的放大倍数是相同的，于是总的放大倍数可以表示为

$$\eta = (\sigma \cdot \theta)^n \qquad (2\text{-}12)$$

式中：η 为次阴极数，一般为 9～14；σ 为次阴极每级的放大倍数；θ 为次阴极收集到前级电子的效率。

次阴极每级的放大倍数为 3～6，所以光电倍增管的放大倍数为 10^5～10^8。显然，次阴极级间电压的大小会显著影响放大倍数。因此，光电倍增管高压的稳定性是很重要的。如果要求放大倍数的稳定性为 0.1%～1%，则要求高压的稳定性为 0.01%～0.1%。也就是说，电压的稳定性要比放大倍数的稳定性提高一个数量级。

光电倍增管的灵敏度是用来描述光电倍增管的光电转换性能的。有两个概念，一个是指光阴极灵敏度，另一个是指总灵敏度。光阴极灵敏度是指一个光子在光阴极上打出一个电子的概率。总灵敏度是指一个入射光子导致阳极上收集到的平均电子数。实际上灵敏度还与入射光的波长有关。波长过长或过短的光子入射到光阴极打出电子的概率都很低。光阴极发射光电子的效率随入射光波长而改变的现象叫光电倍增管的光谱响应。

在实际应用中，即使光电倍增管没有入射光射入，阳极上仍有微弱的电流流过，这种电流叫暗电流。产生暗电流的主要原因是次阴极的热电子发射。因此，应该降低光电倍增管的工作温度并提高其灵敏度。

2.4.2 自然伽马能谱测井的地层划分

1. 岩石的天然放射性

岩石的自然伽马放射性是由岩石中放射性同位素的种类和含量决定的，而且主要由 U^{238} 系、Th^{232} 系及 K^{40} 的放射性决定。岩石按成因可分为岩浆岩、沉积岩及变质岩三大类，沉积岩中放射性物质的含量一般低于岩浆岩和变质岩，在油气田中常遇到的是沉积岩，其自然伽马放射性主要取决于泥质含量的多少，并具有规律：①随泥质含量的增加而增加；②随有机物含量的增加而增加；③随着钾盐和某些放射性矿物的增加而增加。

几种典型放射性物质的特性见表 2-4。

表 2-4 几种典型放射性物质的特性

元素	每秒每克元素衰变次数	混合物在平衡状态下每次衰变产生的光子数	元素每秒每克产生的光子数	平均光子能量/MeV	半衰期/年
U（铀）	1.23×10^4	2.24	2.8×10^4	0.80	4.51×10^9
Th（钍）	4.02×10^3	2.51	1.0×10^4	0.93	1.42×10^{10}
K（钾）	31.3	0.11	3.4	1.46	1.25×10^9
Ra（镭）	3.63×10^{10}	2.20	8.0×10^{10}	0.81	1620

自然伽马能谱测井的原理就是通过测量岩石的 γ 射线能谱，确定地层中铀、钍和钾的含量及其分布情况，从而判断岩性和划分渗透性岩层、确定储集层的泥质含量及进行井间地层剖面对比。

2. 确定地层岩性

由于地层中天然放射性核素的分布具有一定的规律性，利用自然伽马能谱测井可以确定地层的岩性，特别是对于一些复杂地层的岩性识别，自然伽马能谱测井将优于其他测井方法[8-9]。

1）利用 Th-U 交会图划分岩性

一般情况下，地层中的钍（Th）含量随岩石的粒度变细而增加，利用 Th 可以把地层中的砂岩、粉砂岩和泥岩等划分得很清楚，因此 Th 是一个识别岩性的较好参数。此外，在地层原始沉积的过程中，铀（U）的含量与地下水的溶解和迁移程度有关，而油气藏的形成与地下水的活动也有关系，并且油气藏的形成还要求有良好的封闭条件，因此油气藏的形成与 U 有一定的关系。为此，利用 Th-U 交会图可以更准确地区分岩石的岩性。

2）利用 Th-K 交会图划分岩性

在地层中，钾（K）的含量也与岩性有关。一般情况下，钾的含量随岩石的粒度变细而增加。此外，在碳酸盐中钾含量较多，这是由碳酸盐在形成过程中的淋滤作用造成的。为此，利用 Th-K 交会图也可以区分岩石的岩性。

3. 黏土矿物类型的识别

图 2-13 是用自然伽马能谱测井识别不同黏土矿物，定量计算黏土图版。该图版首先以测井深度对岩心深度进行归位，然后按不同地区、同一层系对伽马射线衍射资料进行统计，当某种黏土矿物超过 50%时，就以该矿物为主要的黏土矿物，该黏土矿物就对应一定的铀、钍、钾测井值；然后再分别以测井的 U-Th、U-K、Th-K 的测井值（单位为 API）为纵坐标和横坐标，将这个层系的黏土矿物点于坐标中，经过统计得到一个图版。从图 2-13 中可知，伊利石、高岭石、绿泥石、伊蒙混层相互交错，个别伊蒙混层能明显地区分。这说明各地区不同地层的黏土矿物与能谱测井值的响应是不同的，其响应关系与地层成岩过程中的母岩、地层水的放射性含量有关。由于某些黏土矿物具有特殊的 U、Th、K 含量，所以自然伽马能谱测井可用于鉴定黏土矿物和矿物类型[10-11]。

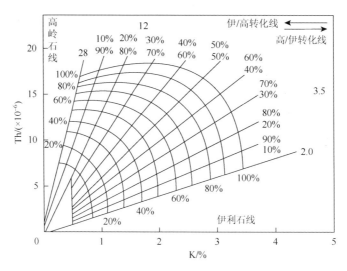

图 2-13　自然伽马能谱测井定量计算黏土图版

参 考 文 献

[1]　王钟琦，朱小林. 岩土工程测试技术[M]. 北京：中国建筑工业出版社，1986.

[2]　蔡国军，刘松玉，童立元，等. 多功能孔压静力触探（CPTU）试验研究[J]. 工程勘察，2007（3）：10-15.

[3]　肖勇. 现代声波测井技术及其发展特点[J]. 科技资讯，2019，25：57-58.

[4]　卢炳文. 现代声波测井技术应用分析与探讨[J]. 石化技术，2019（1）：208.

[5]　薛月琦. 裂缝地层声波测井响应特征研究[D]. 北京：中国石油大学（北京），2018.

[6]　张健，彭小坷，韩埃洋. 三侧向电阻率测井在浅层水文地质勘探中的应用[J]. 地下水，2019，41（6）：115-117.

[7]　丁国辉，秦甜甜. 岩石物理力学参数与电阻率测井参数的相关性研究[J]. 煤炭工程，2017，49（1）：95-102.

[8]　郭余峰，单秀兰. 利用自然伽马能谱确定地层岩性的方法[J]. 物探与化探，1996，20（3）：198-201.

[9]　王祝文. 确定黏土矿物含量的自然伽马能谱测井方法[J]. 岩性油气藏，2007，19（2）：108-111，116.

[10]　姚文彬，郭云，张松炜. 自然伽马测井仪测井响应分析研究[J]. 石油仪器，2013，27（6）：68-71.

[11]　潘和平，马火林，蔡柏林等. 地球物理测井与井中物探[M]. 北京：科学出版社，2009.

第 3 章 多功能静力触探系统设计

本章是以中国地质大学（武汉）研制的多功能静力触探综合勘察车为平台，着重对多功能静力触探探管组合式整体结构的设计进行分析。多功能组合探管在结构上由静力触探探头采集模块、声波采集模块、电阻率采集模块、自然伽马采集模块、温度采集模块 5 个功能模块组成，可以实现触探过程中相关参数的连续采集和分析。

3.1 多功能静力触探系统设计原则

在系统设计之前，要综合考虑各方面，制定了以下的设计原则。

（1）可靠性：在工程测量中，每个点位的测试都要耗费人力和物力，因此得到的数据一定要能够准确地反映测试点的各项物理参数。

（2）稳定性：静力触探的测试要看具体场地的地层情况，有时测试的深度超过 30 m，并且地下环境复杂恶劣，仪器要连续工作数十个小时，会受地下各种因素的影响。因此，在器件选择、系统设计、机械装配时要充分考虑这些因素。

（3）灵活性：多功能静力触探结合了测井方法，为了一次下井能测量更多的地质参数，要单独设计测量模块，对静力触探、电阻率、声波、伽马等采集模块预留接口。要得到相应的地质参数，只需添加相应采集模块。RS-485 总线的引入为系统提供了良好的扩展性能。

（4）自主性：在借鉴国内外先进技术及前人研究成果的基础上，设计具有自主知识产权的高精度多功能静力触探仪器。

（5）经济性：系统的经济性是一个重要因素，应在满足使用功能的前提下价格相对低廉。

（6）易维护性：系统各模块功能明确，提供功能模块的自检，便于对发生故障模块快速定位，一旦故障发生，更换对应模块即可继续工作。

3.2 多功能静力触探系统设计方案

基于以上设计原则，为了实现多功能静力触探测量信息的实时采集、传输、记录和显示的功能，系统采用三层式结构：数据采集、数据传输、信息管理。

数据采集：该层位于地下土层，包括多功能静力触探的静力触探探头采集模块、声波采集模块、电阻率采集模块、自然伽马采集模块、温度采集模块，这些模块均由相应的测井传感器和数模转换器组成，完成测试信号的前端采集工作。

数据传输：负责将数据采集层以 RS-485 总线传送来的数据打包，利用串口将数据传输至 PC 机。

信息管理：该层主要为 PC 机的管理软件，将仪器硬件部分采集的数据通过 RS-485 总线传送到管理软件中，显示数据并绘制相应曲线图。

3.3　多功能静力触探综合平台

随着工程建设的需要，为简化工程勘察设备，提高工程勘察效率，使其适用的范围更广，中国地质大学（武汉）研制的综合勘察平台，集静力触探与钻探功能于一体。在钻进过程中可实时获得近钻头处的钻探参数，又可在同场地进行多功能静力触探试验，通过多功能静力触探测试结果和钻探结果的分析，可大大提高勘察的效率和勘察成果的准确性。该综合勘察平台实物如图 3-1 所示。

图 3-1　多功能静力触探综合勘察车

该多功能静力触探综合勘察车主要由钻探机构、静力触探机构、液压系统组成。

3.3.1　钻探机构

钻探机构主要用来进行旋转钻进，采用两个液压马达进行驱动，然后经过一个两档变速箱，最终驱动主轴带动钻杆旋转。两个液压马达通过使用串联和并联两种连接方式实现动力头的两种转速，变速箱具有两档转速，最终实现 4 种旋转速度的输出。动力头装有编码器机构用于测量动力头给进速度和动力头给进位移。在主轴安装转速传感器，测量动力头主轴转速。操纵手把可控制给进油缸的进出油的方向，使立轴获得称重、上升、停止和下降等动作，在给进油缸下腔和操纵阀之间设有单向阀，它用来调节立轴下降的速度，但不影响立轴的快速提升，给进油缸上下腔之间通过交替阀装有的孔底压力指示器掌握孔底压力。

3.3.2　静力触探机构

静力触探机构主要由两个液压油缸组成，工作时主要靠两个液压油缸给进。两个液压油缸的行程为 500 mm。并在油缸附近有一个编码器计数装置，用于测油缸的行进位移。

3.3.3　液压系统

钻探机构的旋转、给进，静力触探机构的贯入、提升，平台支撑、纠偏，以及行走与运输均由液压系统提供动力。

3.4　多功能静力触探探管结构设计

多功能静力触探利用组合式探管测得岩土层的力学参数和波速、电阻率、自然伽马等物理量来间接判定岩土性质。该测试技术能够在不扰动土层的情况下，提供岩土层多项参数信息。相比室内土工试验，它具有效率高、经济、反映真实情况和不破坏土体内应力等特性。

目前国内已有的静力触探测试系统架构陈旧，模拟信号传输在电缆中损耗大、容易失真。并且传统岩土静力触探设备功能单一，无法同时测量多个参数。根据上述现有技术的不足之处，中国地质大学（武汉）与上海地学仪器研究所共同研制了一种数字式、组合式和多功能特性的静力触探测试系统。

该多功能静力触探测试系统能够组合孔隙压力静力触探采集模块、井温采集模块、电阻率采集模块、声波采集模块和自然伽马采集模块，各采集模块之间可以相互组合，组合模块在电路上通过 RS-485 总线进行各模块节点的通信和数据传输。孔隙压力静力触探探头是通过接头与装有静力触探数据采集模块的钢制套筒相连，数据采集模块固定在接头的一端，另一端通过转接头与探杆相连。其中，探杆与钢制套筒之间可以组合其他的信息采集测量模块，各连接处都实现防水密封。静力触探深度变化指示器的齿轮固定在仪器设备的贯入系统固定部分上，齿条固定在贯入系统活动部分，齿轮转速测量器对准齿轮，行程感应器固定在夹具挡板中，贯入系统活动部分向下贯入推动挡板向下运动，行程感应器感应到信号，使齿轮转速测量器计数有效，贯入系统向上拔起挡板行程方向感应器失效。触探深度变化指示器连接在 RS-485 总线上。通过该设计方法可以实现目前使用的单桥、双桥和三桥岩土静力触探探头的兼容。其系统结构如图 3-2 所示，探管连接结构如图 3-3 所示。

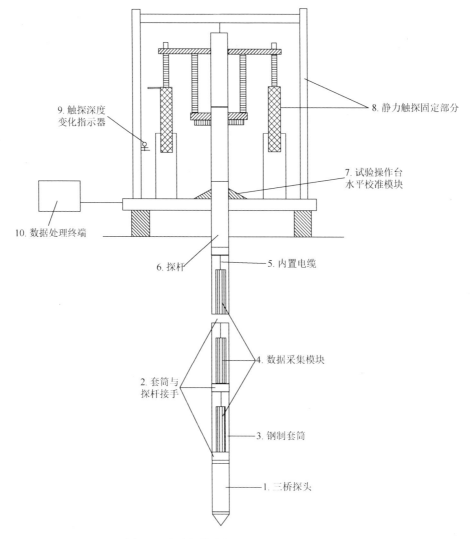

图 3-2　多功能静力触探测试系统结构示意图

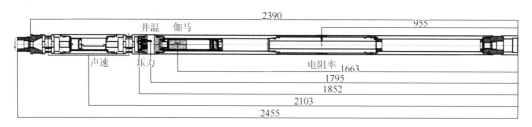

图 3-3　探管连接结构示意图

　　仪器两端是连接丝扣，上端是电阻率、自然伽马探测器，下端是声速探测器、井温探测器、压力探测器。视电阻率的仪器零长为 955 mm，自然伽马的仪器零长为 1663 mm，井温的仪器零长为 1795 mm，压力的仪器零长为 1852 mm，声速的仪器零长为 2103 mm。

多功能静力触探测试系统的数据采集模块和触探深度变化指示器的数据通过 RS-485 总线进行数据传输，采集的数据通过串口传送到 PC 机上（终端机），对试验数据进行接收、处理、融合、显示、存储及管理。同时各个智能变送器测试模块的所有采集数据信息与触探深度指示器采集的信息保持同步。由于信号在电缆上是双向传输的，为了消除信号反射，在电缆的末端跨接一个与电缆的特性阻抗同样大小的终端电阻，使电缆的阻抗连续，防止通信线路在空闲方式时数据处于混乱状态。因此，在通信电缆的另一端可跨接一个同样大小的终端电阻。具体流程如图 3-4 所示。

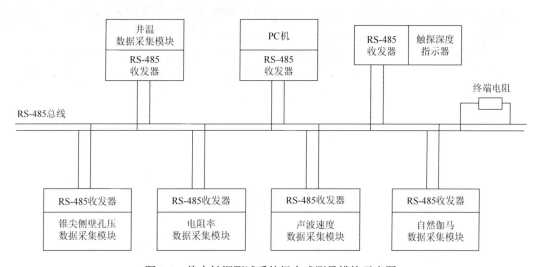

图 3-4 静力触探测试系统组合式测量模块示意图

多功能静力触探数据采集模块包括传感器接口、模拟信号调理模块、模数转换模块、RS-485 控制器（单片机）、电源模块、RS-485 收发机和总线接口。

系统采集模块接收命令帧，触发模数转换器进行数据采集，信号经过模拟调理电路放大、滤波和零点自动调节后进入模数转换器，模数转换器对传感器数据进行模数转换，并将数据发送给微控制器，微控制器对数据进行数字滤波，滤波后的信号经过微控制器内部存储的对应参量标定系数换算，每位数字通过对应的 ASCII 码封装在 RS-485 报文中，并通过 RS-485 收发器发送至 RS-485 总线上，最后通过串口传送至数据处理终端上。其中，电源模块由电缆提供电，包括传感器电桥电源和数据采集传输模块。具体数据处理流程如图 3-5 所示。

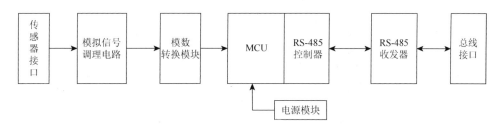

图 3-5 数据采集模块结构示意图

3.5　多功能静力触探采集探管设计

3.5.1　孔隙压力静力触探探头

孔隙压力静力触探探头和测量电路构成 CPTU 测量系统。这里以中国地质大学（武汉）工程学院研制的三桥孔隙压力静力触探探头进行说明。

探头是静力触探的关键部件，也是静力触探设备的核心部件。静力触探探头主要由锥头、摩擦筒、变形柱三部分组成。

孔隙压力静力触探探头，如图 3-6 所示，是在双桥探头基础上再安装一种可测触探时产生的超孔隙水压力装置的探头。孔隙压力静力触探探头具有能同时测定锥尖阻力、侧壁摩擦阻力和孔隙水压力的装置，同时还能测定探头周围土中孔隙水压力的消散过程，功能多，用途广，目前已经得到普遍使用。

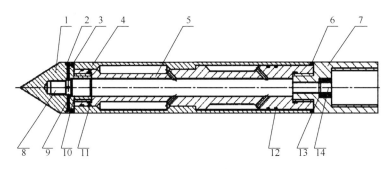

图 3-6　孔隙压力静力触探探头内部结构

1-锥头；2-透水滤器；3、6、12、13-橡胶垫片；4-摩擦筒；5-变形柱；7-探杆接头；8-密封塞；9-垫片；10、11-O 型密封圈；14-孔隙水阀芯

孔隙压力静力触探探头除了具有双桥探头的各种部件外，还增加了透水滤器和孔隙压力传感器。透水滤器的位置可放在探头的锥尖、锥面或锥尾。如图 3-7 所示，不同位置的透水滤器所测得的超孔隙水压力不同，超孔隙压力的消散条件和消散速率都不相同，在贯入过程中，透水滤器的各种条件对土层变化的分辨能力也不相同[1]。

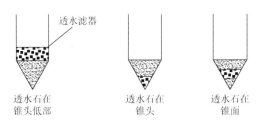

图 3-7　透水石设计安装位置

据分析,锥尖和锥面处的透水滤器测得的超孔隙压力比较大,对土层变化的反应比较灵敏,但是透水滤器易磨损,孔隙压力的灵敏度会下降。锥尖附近土体应力情况比较复杂,使在锥尖和锥面处测量的孔隙压力稳定性较差。在锥头之后的圆锥底面上的透水滤器,虽然测得的孔隙压力较小,但由于避开了锥头的复杂应力区,所测得的孔隙压力也比较稳定,孔隙压力的消散也更加接近于圆柱轴对称径向排水条件[2]。所以本书研究设计使用时将透水滤器装在锥头底面上。

综上所述,本书中采用的是孔隙水压力静力触探探头,具体规格标准见表 3-1。

表 3-1　CPTU 探头规格标准

锥底面积	侧壁有效表面积	锥角	锥底直径	摩擦筒长度
10 cm²	150 cm²	60°	36 mm	133 mm

3.5.2　应变片电桥电路

探头在触探过程中的信号测量是将探头受到的力通过应变片转化为微小的电阻变化,然后将电阻的变化转换为呈线性比例的电压变化。运用材料变形的胡克定律、电阻和电桥原理,只要能够获取传感器(应变片)的应变量,就可以计算出土的阻力大小,从而得出和土有关的力学指标[3]。

孔隙压力传感器和探头传感器的测量电路通常使用电桥测量电路,它将应变电阻的变化转换为电压的变化,电压的信号就是输出信号,其三桥探头的原理电路如图 3-8所示。

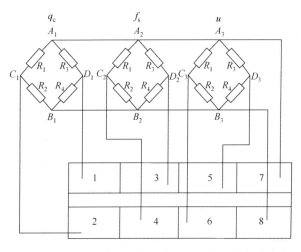

图 3-8　孔隙水压力静力触探探头的电桥电路

在实际应用过程中,应变片的电阻对温度的变化有很大的敏感性。因此,在测量过程中,当工作环境的温度发生变化时,所测得的应变不能反映构件的真实应变。温度引起的阻值变化与应变引起的阻值变化同时存在，从而导致测量误差。为了消除这种误差，本书采用温度补偿片法来进行温度补偿[4]。

所谓温度补偿片，就是使相邻两臂的应变片贴在相同材料上，并处在同一温度中。如图 3-9 所示，R_1 是承受外力的应变片，通常被称为工作片，R_2 是不受力的应变片，通常被称为补偿片。

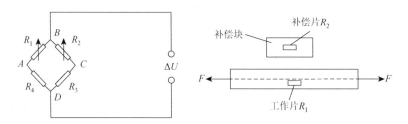

图 3-9 应变片温度补偿方法

实验表明，将全桥四臂电桥中的两个应变片设计为温度补偿片能够有效地补偿温度变化带来的误差。

3.5.3 声波测井探管

声波采集模块、电阻率采集模块和自然伽马采集模块探管为中国地质大学（武汉）工程学院与上海地学仪器研究所共同研制。声波测井探管选用的为单发双收测井原理的装置，有一个发射超声的装置和两个超声波接收装置，是沿竖轴排列的。两个接收器接收的声波同时包括了声速在钻孔中传播的延时，它们的差只剩下在岩土层传播的时差[5]。声波测井探管如图 3-10 所示。

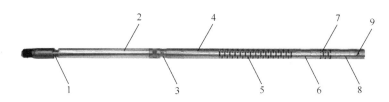

图 3-10 声波测井探管结构示意图

1-上接头；2-电路筒；3-连接器；4-发射换能器；5-长隔音体；6-第 1 接收换能器；7-短隔音体；8-第 2 接收换能器；9-下接头

该探管可分上下两部分，中间用带定位键的连接器连接，可分拆以方便运输。仪器在测量前要连接好仪器的上下两段，注意连接处的定位键要对准，拧紧活帽，同样要求连好电缆接头。打开电源，可听到仪器发射器发出的声音。仪器发射的是超声波，人耳听到的是这个超声波的调制波。声波测井探管采用的是陶瓷电声换能器，换能器保护壳很薄，在安装和操作仪器时要小心进行，防止探管碰撞三个换能器处，并且要经常检查这部分是否完好。在仪器测量时需要在孔口深度对零。同时，声波测井探管采用的是非定向发射和接收方式，使用中要保证探管在钻孔内是居中的，否则对孔壁不同方向的路径会造成接收信号因相位相反而抵消，从而影响数据采集的精度和准确性[6]。

3.5.4　电阻率探管

该电阻率探管采用供电、测量都集成在探管中的方案。测量的微弱信号在孔下经放大、数模转换、编码后转送到地面。减少了模拟信号直接传输易受电磁干扰的因素，提高了测量准确性和简化了操作过程。该仪器的电极系尺寸可以由用户指定，测量参数也可以由用户选择，可选梯度电极系、电位电极系、自然电位等各种组合[7]。电阻率探管示意图如图 3-11 所示。

图 3-11　电阻率探管示意图

1-上接头；2-电位电阻率；3-电路筒；4-自然电位；5-梯度电阻率；6-下接头

该电阻率探管工作原理如图 3-12 所示，DC/DC 把地面供给的 200 V 电源转换为本仪器用电。DC/AC 电路把 200 V 电源转换为电极系测量所需 AB 交流供电。各道测量放大器测量 M、N 电极上的电位差信号后经 A/D 转换变为数字信号，由探管中的单片机处理后并编码再经调制和驱动电路传送到 PC 机上显示。电极系信号是当 AB 交流供电时测得的，自然电位信号是当 AB 交流供电间隙时测得的[8]。

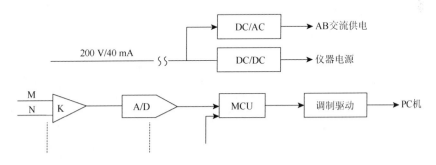

图 3-12　电阻率探管工作原理图

3.5.5　自然伽马探管

自然伽马探管一次下井可测 U、Th、K 伽马能谱等参数，伽马射线探测采用锗酸铋晶体（$Bi_3Ge_4O_{12}$）和光电倍增管作为传感器。自然伽马射线能谱分辨率为 1024 道，稳谱采用实时温补和通过监督高能峰对称道的计数率来实现。伽马谱的 U、Th、K 解析采用线性矩阵最小二乘法实现。高速 A/D 转换前先采用硬件多路保护缓冲的方案，保护仪器可适用到较高放射性地层。自然伽马探管采用连续测量记录，测井速率为 240 m/h 左右，也可以实现点测量。自然伽马探管示意图如图 3-13 所示。

图 3-13　自然伽马探管示意图

1-探头；2-闪烁探测器；3-探管；4-探管接头

从锗酸铋探测器输出的信号是脉冲信号，而且是相当微弱的，因此需要将该脉冲信号进行一步一步地处理，在放大之前首先要通过极零相消电路使信号尽可能地变窄，这对后续处理高频计数和减小基线涨落的意义非常重大，经过极零相消电路之后，脉冲信号变为窄的单极性信号。该信号随即进入到后面的放大电路，对信号的幅度进行放大。放大之后的信号还需要进行滤波整形，滤波整形电路采用两级高斯正形电路对该信号进行处理，使输出的波形更接近高斯波形，使系统的信噪比最佳。为消除信号偏移，通过前馈式基线恢复器，将偏离基线的信号拉回原位。高速峰值检测器对处理后的信号峰值进行检测，一旦检测到脉冲峰值，通过后面的峰值保持器将峰值保持住，然后通过高速 A/D 转换将峰值信号转换为数字信号并送 MCU 进行处理。处理后的每个数字信号对应内存中的一个地址，称为一道，每转换一个脉冲，就在相应的道值上加 1。每个道址逐步累积起不同的计数，形成被测伽马射线的脉冲幅度谱，并通过 RS-485 总线送上位机进行分析显示[9-10]。其工作原理如图 3-14 所示。

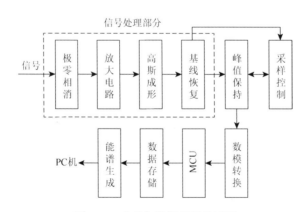

图 3-14　自然伽马探管测量流程

3.5.6　温度采集模块

多功能静力触探集成测量土体温度的功能，可以解决多年冻土、季节性冻土及污染土的土体温度现场测试的问题，进一步发展了静力触探技术的内容。并且，近年来随着地热资源的开发、饮用水资源的开发及各类工程的需要，井温及井温梯度测井方法变得越来越受人们重视，为岩土工程实践和地热开发提供了有力的检测工具。地下自然温度梯度是由地球内部热源扩散造成的，如果地质体是均匀的或者是同心球状均匀分布，地温梯度就是很稳定的量，井温随深度的变化就是常数，称作正常地温梯度。我国大部分地区地温梯度的平均值为 0.03℃/m。当地质构造等因素变化或地质体本身不均匀，球状热平衡条件就被破坏，钻孔中的轴向温度梯度和钻孔径向温度分布就会发生局部变化，可以判断钻孔周围可能存在的情况。温度测试可以用来大致判断地下水位的位置，判断是否具有能开发地热能源的条件。

温度传感器为全固态传感器，因没有活动部件而具有良好的抗震能力。井温测量结果在孔下完成数字化，减少了信号传输受干扰的可能。孔温探管结构如图 3-15 所示。

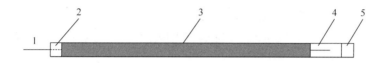

图 3-15　孔温探管结构示意图

1-电缆；2-螺纹接头；3-电路筒；4-孔温记录点；5-螺纹接头

孔温的测量采用小时间常数的 Pt1000 铂电阻作为传感器，能快速响应钻孔中温度的变化，温度信号经放大和模数转换后进单片机，再数字编码后传送到地面。井温由硬件电路和单片机根据井温变化量计算得到，如图 3-16 所示。

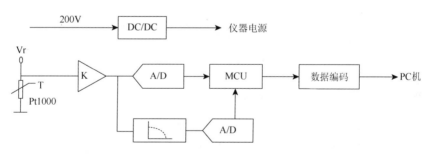

图 3-16　井温测量原理流程图

3.5.7　信号调理电路

信号调理电路连接着传感器和数据采集设备，其作用主要是对传感器的输出进行处理。通常情况下，传感器输出的信号幅值大小各异，必须进行处理使其匹配数据采集设备的输入范围。信号调理电路可以有效地提高系统的整体性能和精度。信号调理是指通过内部电路将需要采集的信号进行放大、滤波等处理，使之能够被数据采集设备所识别和读取。有时也需要信号调理电路对信号的类型进行转换，如电压转换成电流等，以满足不同采集设备的需求。

由于被测信号来源复杂，特点各异，信号调理电路仍有着其存在的价值。信号调理电路一般采用如下技术，以提高系统的采样精度。

（1）放大：此技术针对幅值较小的信号，如温度传感器热电偶的输出。经过放大，各类微弱的电信号可以转换为标准信号，以满足采集设备输入数模转换（analog-digital convert，ADC）的需求，提高系统的精度。针对不同的信号，应该合理选择放大器。

（2）衰减：此技术与放大相对应，适用于高电压、高电流的场合。可将信号幅值限制在采集的 ADC 输入范围以内，以供采集设备采集。此外，该技术还可用于预防电路因过压过流而被烧毁的风险，起到保护仪器和设备的作用。

（3）隔离：该技术最大的优点在于保证操作人员的人身安全，同时还避免测试设备被烧毁的可能。基本原理是利用光电耦合技术和变压器将被测信号直接从发生源传输至测量设备，隔离了高电压。

（4）过滤：数据采集设备在实际工作时，总是会受到各种各样的噪声干扰，如环境干扰、机械设备干扰等，此技术可去除一定频率范围内的噪声，既排除了一定程度上的干扰，又简化了后续的信号处理。

（5）激励：该技术的使用通常针对一些需要外部信号激励的转换器，如应变器、电阻温度探测器（resistance temperature detector，RTD）等。应变器的惠斯通电桥配置通常使用电压激励源来完成。而电流激励源则可以协助完成测量。

（6）冷端补偿：一般来说，热电偶工作时，要精确计算测量的真实温度，必须要知道热电偶和数据采集系统连接点的温度，因为这个点相当于测量中额外多接的一个热电偶，冷端补偿用于计算连接点引起的偏移量。

3.6　系统通信总线

通信有串行通信和并行通信之分，并行通信虽然可以同时传送多位数据，但是对于长距离的传输技术上的实现比较困难，不适宜使用并行的传输线路。在实际项目的应用当中，结合数据采集处理机应用的特定场景和成本等实际情况，通信方式选择串行通信的方式。通过串行接口，实现多功能静力触探与上位机的通信，具有数据传输可靠性高、远距离传输、操作简单等特点。

3.6.1　RS-485 简介

通信的关键不仅是能够传输数据，更重要的是能够准确传输，并且能自动检错和用一定的方式来纠正。RS-485 标准作为一种多点、差分数据传输的电气规范，现已成为业界应用最广泛的标准通信接口之一。RS-485 接口大多连接成半双工通信方式，它所具有的噪声抑制能力、数据传输速率、电缆长度和可靠性，是其他标准无法比拟的。RS-485 总线网络凭借组建成本低、可靠性高、分布范围较大等特点在各领域得到广泛应用。并且，RS-485 网络的通信方式有更好的扩展性和通用性。因此，多功能信息采集系统也使用的是稳定较高的 RS-485 总线通信协议。

RS-485 是由美国电子工业协会在 RS-422 的基础上制订并发布的串口标准。RS-485 接口标准解决了联网问题，并且各方面性能比 RS-232 接口有较大的提高[11]。RS-485 接口标准的具体参数见表 3-2。

表 3-2　RS-485 接口标准的具体参数表

性能指标 RS-485	总线
工作模式	差分传输（平衡传输）
允许的收发器数目	32
最大电缆长度	4000ft（1219 m）
最大数据速率	10 Mb/s
最小驱动输出电压范围	±1.5 V
最大驱动输出电压范围	±5 V
驱动器输出阻抗	54Ω
接收器输入灵敏度	±200 mV
接收器输入电压范围	−7～+12 V

3.6.2　RS-485 总线通信方式

RS-485 总线网络组建方法很简单，该系统采用是 A、B 两线方式。所有 RS-485 节点全部挂在一对 RS-485 总线上，这里的地线和电源线可以不接。接线时需要注意 RS-485 总线不能开叉，但是可以转弯。从总线到每个节点的引出线长度应尽量短，以便使引出线中的反射信号对总线信号的影响最低。单片机采用 RS-485 进行串行通信，只需要将 TTL 电平的串行接口通过芯片转换为 RS-485 串行接口，这种转换比较简单，本系统采用的是 MAX485 芯片。整个 RS-485 总线网络应采用相同的通信线，以确保总线阻抗的连续性，避免信号的反射。接线方式如图 3-17 所示。

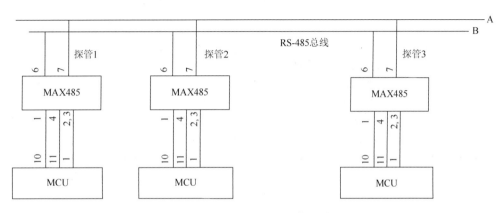

图 3-17　RS-485 总线通信方式

3.6.3　PC 与 RS-485 总线连接

一般 PC 机的串行接口为 RS-232 或 USB 接口标准，现阶段应用更多的是将 RS-232 接口转换成 RS-485 接口。RS-485 接口电路采用平衡差分结构，且收发器共用总线。其最大的优点是低阻传输线对电气噪声不敏感，而且易于实现光电隔离，这样既可消除干扰的影响，又可获得更长的传输距离及许可更大的信号衰减，可以大大提高通信可靠性和传输距离，可以进行长距离、高速的串行异步通信[12]。

利用 PC 机现有的 RS-232 接口，系统中采用 RS-232/485 标准转换器来实现。此转换芯片一边与 RS-232 标准 9 针接口相连，另一边与 RS-485 总线相连，如图 3-18（a）（b）所示。

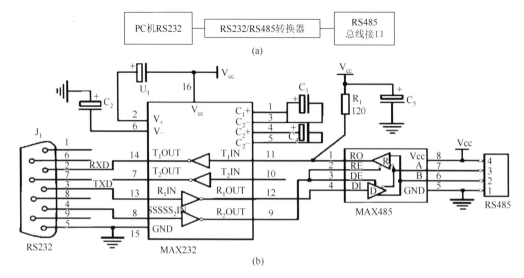

图 3-18　RS-232/485 标准转换器硬件电路

参 考 文 献

[1]　蔡国军, 刘松玉, 童立元. 孔压静力触探（CPTU）测试成果影响因素及原始数据修正方法探讨[J]. 工程地质学报, 2006（5）: 632-635.

[2]　中国建筑学会工程勘察学术委员会. 孔隙水压力静力触探新技术[M]. 上海: 原位测试技术开发中心, 1992.

[3]　张如一, 沈观林, 李朝弟. 应变电测与传感器[M]. 北京: 清华大学出版社, 1999.

[4]　刘新月. 压力传感器温度漂移补偿的电路设计[D]. 天津: 河北工业大学, 2006.

[5]　林楠, 王敬萌, 亢武臣. 最新随钻声波测井仪的技术性能与应用实例[J]. 石油钻探技术, 2006, 34（4）: 73-76.

[6]　吴金平, 黄黄生, 朱祖扬. 随钻声波测井声系短节模拟样机试验研究[J]. 石油钻探技术, 2016, 44（2）: 106-111.

[7]　陈仁才, 阳林锋. 贴壁密度组合探管中三侧向电阻率的设计及应用[J]. 地质装备, 2014, 15（3）: 28-32.

[8]　宫琛. 微型一体化井下电阻率探管的设计[J]. 科技视界, 2015（2）: 151-161

[9]　李会银, 鞠晓东, 成向阳, 等. 基于 CPLD 的高性能自然伽马能谱测井仪的研制[J]. 西安石油大学学报（自然科学版）, 2005, 20（2）: 72-76.

[10]　焦仓文, 邓明, 陆士立, 等. 小口径 γ 能谱测井仪研制[J]. 核技术, 2015, 38（4）: 35-40.

[11]　熊文, 王莉, 肖健. 一种 RS485 串口通信电路的高可靠性设计[J]. 自动化与仪器仪表, 2017, 209（3）: 43-45.

[12]　周正贵. 基于 RS485 总线远程多点环境信息监测系统设计[J]. 长春师范大学学报, 2017, 36（12）: 43-46.

第4章 多功能静力触探系统软件设计

在系统软件设计中，根据系统应用的需求和特点，设计的是基于虚拟仪器 LabVIEW 的数据采集系统。该系统对仪器测量的数据进行采集、显示、存储及数据分析处理等，系统的特点为结构简单、功能完善、操作方便。

4.1 虚拟仪器开发平台 LabVIEW 简介

虚拟仪器是基于计算机的仪器，它充分利用计算机系统强大的数据处理能力，完成数据的采集、控制、分析和处理及测试结果的显示等。通过软、硬件的配合实现传统仪器的各种功能，大大突破了传统仪器在数据处理、显示、传送、存储等方面的限制，用户可以方便地对仪器进行维护、扩展和升级。同时，用户可以通过修改软件的方法，很方便地改变仪器系统的功能，以适应不同用户的需要。

图形化编程语言 LabVIEW（Laboratory Virtual Instrument Engineering Workbench）[1-2] 以 PC 机为硬件平台，以先进的计算机总线技术和虚拟仪器编程技术为核心，形成了以软件为核心的图形化虚拟仪器集成开发环境，体现了标准化、网络化、软件化的仪器技术发展方向，使得测量仪器的功能，从完全由制造商定义发展到完全由用户编程定义，也使得虚拟仪器的概念由"虚拟"变为现实，广泛用于测量和控制领域。

传统文本编程语言根据语句和指令的先后顺序决定程序执行顺序，而 LabVIEW 则采用数据流编程方式，程序框图中节点之间的数据流向决定了 VI 及函数的执行顺序。VI 指虚拟仪器，是 LabVIEW 的程序模块。与 C 和 BASIC 一样，LabVIEW 也是通用的编程系统，有一个完成任何编程任务的庞大函数库。LabVIEW 的函数库包括数据采集、通用接口总线（general-purpose interface bus，GPIB）、串口控制、数据分析、数据显示及数据存储等。LabVIEW 也有传统的程序调试工具，如设置断点、以动画方式显示数据及其子程序（子 VI）的结果、单步执行等，便于程序的调试。

所有的 LabVIEW 应用程序，即虚拟仪器（VI），包括前面板（front panel）、流程图（block diagram）及图标/连接器（icon/connector）三部分[3]。

（1）前面板相当于真实物理仪器的操作面板，由具备各种输入、输出功能的控件组成，实现用户与程序的交互。

（2）流程图相当于仪器的电路结构，以数据流的方式实现对采集数据的处理，是使用 G 语言编写的程序源代码。

（3）接口板相当于仪器中的某个集成电路，是对子程序（subVIs）的调用形式，实现参数的定义和传递的功能，是 VI 程序的可选部分。

目前，LabVIEW 已经在测试、测量领域和图形化编程语言方面成为工业标准，并得到了众多软、硬件生产厂商的支持,其丰富的软、硬件资源使其成为测试系统和测试仪器的主要方法和手段。用户通过 LabVIEW 和各种符合计算机总线的数据采集硬件的集成,形成独具用户特色的虚拟仪器系统,通过不同的 VI,实现不同的测量和控制功能。

4.2 程序设计流程

LabVIEW 软件设计主要分为以下 4 步进行。

(1)前面板设计:前面板是程序设计完成后展现给用户的界面,它以图形化的形式显示,前面板界面上主要有用户设置输入及控制输入和输出显示两大类对象。其设计的特点是模拟实际仪器的面板,如前面板控件有图形、图表、旋钮及按钮和其他显示控件,用户可通过计算机的键盘和鼠标在前面板对输入参数进行配置,并可单击按钮或转动开关来对试验进行操作控制,且实验数据的测量和测试结果可以直观地在屏幕上观察显示[4]。

(2)编写程序流程图:流程图是一个流程问题的图形化解决方案,也就是的图形化源程序[5],相当于传统程序的源代码。在 LabVIEW 中前面板和后面板程序框图可以互相切换,当切换至程序框图时,流程图中将有相应的端口与前面板对象对应,完成这一步后可以在功能模块中根据设计需要搜寻函数和节点,以及控件等放置在后面板程序中,按照一定的顺序将这些节点和端口连接起来[6]。

(3)图标的创建:用 LabVIEW 编写的程序 VI 有其默认的图标,显示于前面板或后面板的右上角,图标是每一个 VI 的图形化标识符号,在设计程序的子程序 VI 中设计一个新的图标时会用到图标编辑器,自己定义程序的图标不仅可以在使用时便于识别,还可供在其他 VI 程序中调用。

(4)程序运行和调试:任何一种编程语言都需经过程序的调试才可以正常运行。在 LabVIEW 环境下,程序运行时,可以通过语法找错、高亮执行、探针、单步执行与断点等一些技巧来对程序进行调试。

如果 VI 程序的编写存在连接和语法上的错误,那么前面板或者后面板程序框图中的运行按钮将以一个灰色折断的箭头形式显示,程序在这种状态下因存在错误不能正常执行。当出现这种错误时,点击折断的运行箭头,程序会弹出一个提示错误信息的对话框,在对话框中会列出当前 LabVIEW 程序中的错误信息,单击其中任何一个错误,其可能出错的原因将会在错误列表中显示,可以方便地对程序进行修改,同样对任何一个错误也可以通过双击操作,在后面板中将高亮显示出错的对象或端口,为用户的修改提供方便[7]。

当系统中出现没有明确提示的逻辑错误时,可在程序的某一点处通过使用断点工具将程序的运行终止,这样程序可以一个节点接着一个节点地执行,另外采用单步方式或者探针可以对数据进行查看。断点工具在 LabVIEW 中使用的特点是,选中断点工具在希望设置或是清除断点的地方进行单击操作,当程序运行到达所设置的断点处时,在此处程序将被暂停,而且显示为闪烁的状态。若想将程序向下一步进行可以单击单步执行按钮,原来闪烁的节点就会被执行，而闪烁的节点就变为下一个将要执行的节点，使用断点工具时程序就是通过这样的操作一步一步地执行的。在程序调试过程中时，同样还可以使用高亮显示和探针工具来查看数据流状态，从而跟踪程序的运行过程是否可以达到预期测试的效果[8]。

4.3　系统软件模块化设计思路

我们对硬件部分进行模块化设计，同样对软件设计部分采用模块化设计，主要为数据采集和信号处理两大模块。数据采集模块主要包括数据采集、数据预处理和图像显示以及数据存储等功能；而信号处理模块主要完成数据管理和数据分析处理功能。本节采用LabVIEW2015 版软件作为开发平台，软件设计数据采集流程图如图 4-1 所示。

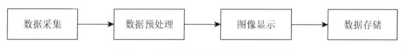

图 4-1　数据采集系统数据流程图

系统的软件整体结构程序均是用 LabVIEW 编写的，具有很强的通用性。采集系统的数据显示、数据存储及分析处理功能由 LabVIEW 完成，极大地缩短了软件的开发周期，系统操作方便，功能扩展灵活，可以根据用户的不同需求增加不同的功能模块[9]。本系统的功能模块如图 4-2 所示。

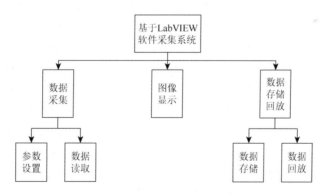

图 4-2　系统模块设计框图

根据需求分析内容中的功能要求，采用结构化设计方法，即基于模块化、自顶向下逐层细化。每一项功能可划分为一个相对独立的模块。

在 LabVIEW 中的应用程序通常采用递进式结构，该结构可以划分为三个层次。第一层称为"主程序层"，由用户界面和测试执行部分构成；第二层是"测试层"或者"逻辑层""中间层"，负责逻辑关系的验证及相关决策的制定；最底层叫作"驱动层"，负责与仪器、被测试设备及其他应用程序之间的通信[10]，如图 4-3 所示。

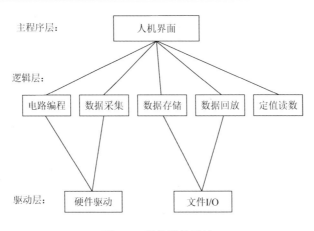

图 4-3　系统结构设计

　　三层递进式结构较其他结构有明显的优势。首先，严格划分各个层次及其功能可以实现程序重用性的最大化。因为每一个 VI 都对应明确的应用范围，所以某一具体功能或程序可以在系统的不同地方被重用。其次，可以实现程序维护时间的最小化。当应用程序完成后，维护和修改工作常常是必要的。因为三层递进式结构的各个层次不同，所以可以很轻松地识别和定位需要修改的 VI。最后，实现了应用程序的抽象化，其中的每一层都能够为下一层次提供抽象信息，例如主程序可以通过用户界面向子程序或测试层提供必要的抽象信息。

4.4　串口通信模块设计

　　串口通信是计算机与外部设备或其他终端之间简单有效、十分通用的数据通信方式。经过应用和发展已有 RS-232、RS-422 和 RS-485 等多种标准。串口通信虽然诞生年代久远，但凭借其成本低、串扰低、布线简单、使用方便、应用灵活和可靠性好等巨大优势，至今仍然广泛应用在众多领域。串口是以比特流来进行数据的收发，波特率、停止位、数据位和奇偶校验等是串口通信的最重要参数，参数相互匹配的两个端口之间才能进行通信。

　　串口通信可以分为仪器控制和被动接收两种类型。仪器控制类型指的是上位机和下位机之间采用一问一答的方式进行通信。应用仪器控制类型时要注意发送指令和接收数据之间需要 200 ms 左右的延时，因为指令要从应用程序送到串口再送到下位机，然后下位机响应指令也需要一定的时间，所以需要加延时否则可能收不到数据或者收到的是上次查询的结果。被动接收类型指的是下位机在开始工作后会一直往串口发送数据以提高通信的效率。应用被动接收类型时，一般采用串口缓冲区缓存接收到的数据，通过预先定义的数据帧格式来同步并提取实际需要的数据。

　　在 LabVIEW 中，以下三种方法可以实现对串口的控制。

1. I/O 寄存器

在一般编程语言中是禁止直接操作计算机端口的，而 LabVIEW 提供了 Out Port 和 InPort 两个输入输出函数可以直接访问计算机的 I/O 寄存器。这也同时体现了 LabVIEW 硬件操控能力的强大。计算机上 COM1 和 COM2 的地址一般为 0x3F8 和 0x2F8，串口通信完全可以通过操作各端口相应的寄存器来实现。现在这种方法主要应用于单片机的串口通信，而计算机上的串口通信基本上不会再采用这种原始的方法来实现了。

2. 使用 MSCOMM 控件

LabVIEW 能够很好地支持 ActiveX 控件，借助 ActiveX 可以很方便地扩展 LabVIEW 的功能。微软提供的 MSCOMM 控件是一个 Windows 下串口通信专用的 ActiveX 控件。它提供了一系列标准的事件处理函数和通信命令接口简化了串口通信的编程，能够支持各种使用 RS-232 进行数据通信的协议。在 LabVIEW 中可以利用 MSCOMM 控件的查询法和事件驱动法两种方式来实现串口通信。

3. 使用 VISA 模块

虚拟仪器软件体系结构简称 VISA，是 I/O 软件库和 I/O 规范的总称。它本身并不直接操作底层硬件，而是调用低层驱动的高层 API，是虚拟仪器中通用的仪器驱动标准 API。它支持多接口控制、多平台工作，可以控制 VXI、PXI、USB、GPIB、串口和以太网等多种不同类型的仪器，在各种应用中开发简单高效，使用灵活方便。

通过后两种方法，LabVIEW 可以很方便地实现串口通信。其中 VISA 模块是由 NI 公司自身开发实现的，能够支持 VXI、PXI、GPIB 等更多的接口，使用更加简单方便，但 VISA 模块只能采用查询方式传送数据，不支持事件中断函数处理功能。而 MSCOMM 控件可以在串口通信中采用查询和事件驱动两种方式，支持串口通信驱动的更多特性，能够实现用户自定义的更高级的功能，但 MSCOMM 控件不支持其他类型的接口并且无法进行跨平台移植。总之，这两种方法各有所长，在各种工程项目中的应用实例也都很多，开发人员可以根据实际工作的不同要求加以选择应用。

VISA 模块实现串口通信的过程较为简单，对串口通信的支持也考虑得非常周到，是完全可以满足绝大多数工程项目的应用需求的。VISA 模块的作用还不只是简单的串口控制。它是一整套的 I/O 驱动集，包括 VXI、PXI、LAN、USB、GPIB 和串口等。对于这么多不同类型的接口，VISA 模块抽象出了 Write/Read 等通用的控件接口，同时 VISA 模块还与 NI-Spy 等其他 NI 工具存在关联。因此，VISA 模块实现的串口程序有很好的灵活性与替换性。当硬件接口发生变化时，只需进行一些修改 VISA 模块参数的小改动即可实现，大大减少了编程开发的工作量。

在函数选板中选择即可找到串口的各个节点，如图 4-4 所示。为了方便用户使用，NI 将这些节点组成的 Serial 模块单独放入 Instrument I/O 选板中。VISA 模块就是利用这 VISA 模块八个串口节点来实现串口通信的，每个节点的具体功能请参见表 4-1。

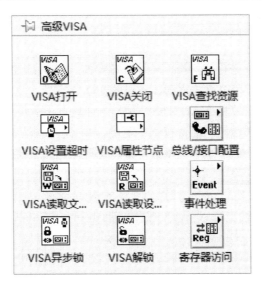

图 4-4　VISA 选板

表 4-1　串口节点功能表

节点名称	节点功能
VISA Configure Serial Port	初始化 VISA resource name 指定的串口通信参数
VISA Write	将输出缓冲区中的数据发送到指定的串口
VISA Read	从指定的串口读取指定字节数的数据到计算机内存中
VISA Serial Break	向指定的串口发送一个暂停信号
VISA Bytes at Serial Port	查询指定的串口接收缓冲区中数据的字节数
VISA Close	结束与指定的串口资源之间的会话
VISA Set I/O Buffer Size	设置指定的串口的输入输出缓冲区大小
VISA Flush I/O Buffer	清空指定的串口的输入输出缓冲区

在串口通信模式下，当上位机和下位机采集设备要成功进行通信之前，必须首先对串口进行配置，通过调用 VISA Configure Serial Port 进行设置，一般情况下串口参数初始化设置为：波特率（9600bps）、数据位（8 位）、奇偶校验（无奇偶校验）、停止位（1 位）。

配置好串口之后，上位机首先向下位机管理设备发送命令码进行握手，如果下位机收到该命令后，向上位机回应命令，则表示上位机和下位机握手成功，如果上位机没有收到命令，则会在规定的超时限制内，循环向下位机发出握手请求命令，直到超时或者握手成功。在握手成功之后，上位机采集系统软件发送命令码到下位机设备管理器，表示开始采集数据，下位机在收到该命令后，解析该命令，并将采集到的数据实时地传送到上位机，以便进行数据的处理、显示和保存。如果下位机接收到终止命令，就会终止对应设备的采集工作，并让采集设备进入低功耗休眠状态，否则下位机不断向上位机发送采集到的实时数据。采集系统串口通信程序流程图和程序框图如图 4-5、图 4-6 所示。

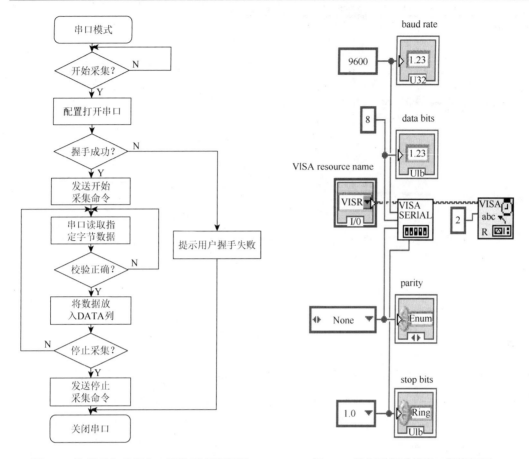

图 4-5　数据采集系统串口通信程序流程图　　　　图 4-6　数据采集系统串口程序框图

　　数据采集时，先进行串口资源配置，实验时各个参数的设置值如下：波特率，实验设置值为 9600bps；数据比特，实验采用 8 位；传输或接受的每一帧所使用的奇偶校验，实验设置为 None；停止位，用于表示帧结束的停止位的数量，实验设置为 1；传输机制使用的控制类型，实验不使用流控制机制，即值为 None。

4.5　数据采集和显示模块程序设计

　　数据采集模块通过串口与硬件采集电路通信，实时接收采集数据。其中该仪器部分有 5 个测量模块，因此软件平台将这 5 路信号划分为 5 个通道。每个通道的数据变化情况在主界面上将以波形图的方式直观地显示出来。实时数据采集模块如图 4-7 所示，数据采集系统的前面板如图 4-8 所示。该模块的操作步骤按以下流程进行设计：首先进行串口参数的设置并完成通信，成功后单击右下角的"开始采集"按钮就会启动系统，开始采集工作。

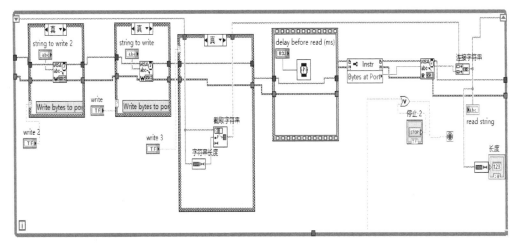

图 4-7　数据采集程序图

　　开始采集后，主程序进入采样读数事件，采样读数子 VI 被执行，采集到的数据便实时显示在子 VI 的波形显示图中，单击子 VI 中的停止按钮，VI 程序便退出采集读数子 VI，回到主程序前面板，采集读数子 VI 中显示的波形会在主程序波形显示控件中显示出来。如果停止采集读数子 VI 时直接单击工具栏中的强制执行按钮，而不是单击停止控件，子 VI 中的波形便不会在主程序中显示。在波形显示界面中，可以通过波形图表的工具小面板对波形曲线进行控制，包括放大、缩小、显示全部曲线。如果对操作步骤不满意可以撤销操作。但是使用这些功能只能实现对曲线粗略的控制。

　　在程序的集成过程中采用局部变量、全局变量、属性方法、属性节点来实现数据的共享，从而可以使得同一个控件在不同的 VI 下被使用。程序集成完毕后，各模块功能控件如图 4-8 所示，它们分别是数据采集、曲线显示、数据存储和数据回放及采样等控件。在前面板中对控件进行整理，隐藏不必要显示的控件。

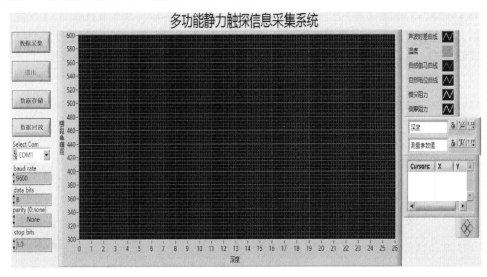

图 4-8　数据显示前面板图

4.6　数据存储和回放模块程序设计

完整的数据采集系统需要将采集到的数据完好地保存下来，LabVIEW 提供了多种文件保存函数，用以保存不同的数据，像波形文件、测量文件、数据存储文件等，如图 4-9 所示。在本系统的主界面上有开始采集的按钮，这个主要实现存储采集到的实时数据，读取文件按钮主要实现存储在计算机中的测试数据，两个都是通过由文件对话框指明文件路径，然后再进行文件操作。

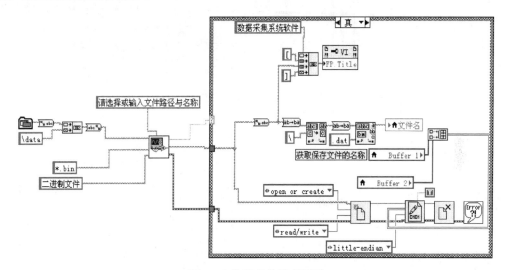

图 4-9　数据存储程序框图

为了满足不同的数据存储格式和性能需求，LabVIEW 提供了多种文件类型。本系统要回读的文件类型包括文本文件（扩展名为.txt）、测试系统生成的二进制文件（扩展名为.bin）、系统生成的二进制文件（扩展名为.dat），文本文件类型比较常见，多种程序都可以将它打开，如记事本、Excel 表格、Word 文档。所以文本文件的通用性很强，但是它的读写速度慢而且需要较大的磁盘空间，也不能随意地在指定位置写入或者读取数据。所以本系统还写了文本文件、二进制文件和扩展名为. bin 文件的回读程序。在数据回读模块中通过 LabVIEW 中函数"获取文件扩展名"获得要读取的文件类型，并进入不同的子 VI 进行读数，如图 4-10 所示。

4.7　系统程序测试

4.7.1　串口通信调试

检测串口通信是系统测试的一个重要手段。串口设计的好坏会影响到系统其他功能的实现。首先是对串口进行初始化，主要是端口状态的设置，然后利用串口进行数据传输。进行该模块的测试需要辅助工具：串口调试助手，如图 4-11 所示。

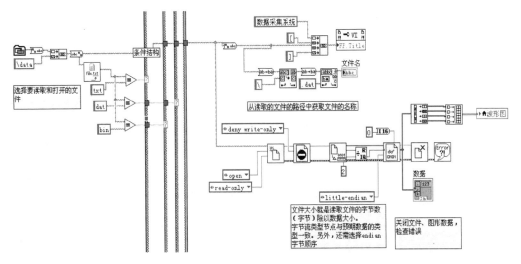

图 4-10　数据回读程序框图

图 4-11　串口调试助手界面图

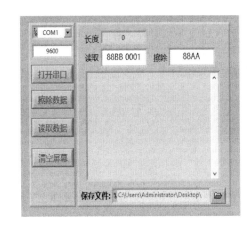

图 4-12　数据读取前面板图

　　打开辅助软件，在串口调试助手中进行设置，选择连续发送模式。单击打开串口，然后运行数据采集软件系统。单击开始采集按钮，这时串口调试助手会连续收到数据，当单击退出时，调试助手会停止发送数据，则表示该模块测试正常，如图 4-12 所示。

4.7.2　程序模块调试

　　对系统的测试主要是结构测试或逻辑驱动测试，通过测试程序内部设计细节来检测软件内部运行是否按照框图程序的设计正常进行。按照程序内部的结构测试程序，来检验程序中的每条通路是否都能按预定要求正确工作。该测试主要用于软件验证。

　　以数据回读模块为例，采用条件覆盖方法设计测试，运行被测试对象，使得程序中每个判断的每个条件的可能取值至少执行一次，程序流程如图 4-13 所示。

　　该测试读取的是测井试验的文本文件，具体波形显示如图 4-14 所示。

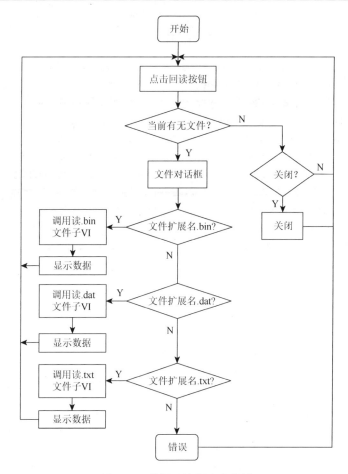

图 4-13　数据回读程序流程图

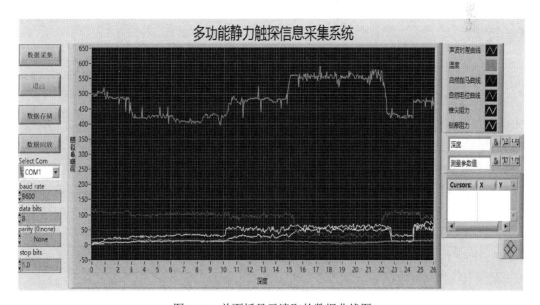

图 4-14　前面板显示读取的数据曲线图

参 考 文 献

[1] 闫玲，方开翔，姚寿广. 基于 LabVIEW 的多功能数据采集与信号处理系统[J]. 江苏科技大学学报, 2006, 20（3）: 50-54.

[2] 孙春龙. 基于 LabVIEW 多通道数据采集分析系统开发[D]. 武汉: 武汉大学, 2004.

[3] 赵玉剑，龚邦明. 基于 LabVIEW 的数据处理方法[J]. 电子测量技术, 2006, 29（6）: 99-101.

[4] 杨秋虎. LabWindows/CVI 中的多线程技术的应用[J]. 电子科技, 2015, 3: 19-21.

[5] 周斌. LabVIEW 驰骋多核技术时代[J]. 电子产品世界, 2008, 9: 138-141.

[6] 王琳，商周，王学伟. 数据采集系统的发展与应用[J]. 电测与仪表, 2004, 41: 4-8.

[7] 孙秋野，吴成东，黄博南. LabVIEW 虚拟仪器程序设计及应用[M]. 2 版. 北京: 人民邮电出版社, 2015.

[8] 龙华伟，伍俊，顾永刚，等. LabVIEW 数据采集与仪器控制[M]. 北京: 清华大学出版社, 2016.

[9] 赫丽，赵伟. LabVIEW 虚拟仪器设计及应用: 程序设计、数据采集、硬件控制与信号处理[M]. 北京: 清华大学出版社, 2018.

[10] 李江全. LabVIEW 虚拟仪器入门到测控应用 130 例[M]. 北京: 电子工业出版社, 2015.

第5章 多功能静力触探系统的标定及实验测试

在测量传感器信号的测试系统中,对传感器进行标定是一个不容忽视的步骤。标定的方式是在室内环境中模拟测试系统或者测量设备的工作状况,通过标定数据来确定测试系统或测量设备的静态性能指标,同时通过多次标定也可以有效减少系统测试误差,提高测量设备或测试系统的精度。

5.1 CPTU 传感器的静态标定

5.1.1 静态标定原理

CPTU 探头包括三种传感器,分别为锥尖阻力传感器、侧壁摩擦阻力传感器和孔隙水压力传感器,CPTU 探头传感器受力方向如图 5-1 所示。

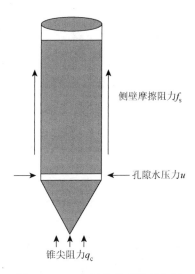

图 5-1 CPTU 探头传感器受力图

CPTU 传感器由于其弹性元件为一根立柱,需要在一根立柱上布置三种传感器,这样就使得探头的一致性较传统的单桥探头或双桥探头更难得到保证。在狭小的力敏元件空间中,应变仪的贴片工艺也很难保证绝对理想。另外由于 CPTU 传感器均固定在弹性元件受力柱上也使得当某一通道受力时,其他通道均会产生形变。由于这些原因,实际测试 CPTU 传感器的静态特性较理论计算有一定的误差。

　　CPTU 传感器的静态标定就是求得传感器的输出电压信号矢量与作用在传感器上外力矢量之间的对应关系，并且标定是在输入力无偏差且传感器测试系统为线性系统的前提下进行的，即静态数学模型满足：

$$V = C \cdot F \tag{5-1}$$

式中：V 为应变仪放大通过 AD 转换后再送到计算机中的输出电压信号。应变传感器标定的实质就是利用施加在力传感器上的向量组 F 与通过采集系统传输至计算机的电压向量组 V 求出标定矩阵 C [1]。

　　每个传感器的加载标定按如图 5-2 所示的循环进行 3 次以上[2]。

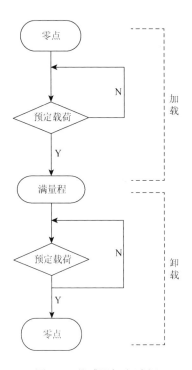

图 5-2　传感器标定过程

　　在标定实验中，记实际加载的力为 F_i，i=1，2，3 表示压力序号，分别对应锥尖阻力、侧壁摩擦阻力和孔隙水压力。记传感器采集到的 AD 值为 U_i，i=1，2，3 表示传感器通道序号，分别对应锥尖阻力通道、侧壁摩擦阻力通道和孔隙水压力通道。当标定 F_i 时，第 i 路通道的输出才反映传感器在该通道上受到的力的大小，其余两路输出信号只反映施加的压力在这两个通道上耦合输出的结果。

　　标定中使用的测力传感器和孔隙压力传感器，设计量程见表 5-1。设计要求为静态精度＜5%，此处的精度定义为最大误差和满量程的比值，在数值上与线性度指标相等。

表 5-1　CPTU 标定传感器

传感器类型	设计量程
锥尖阻力传感器	4000 kg
侧壁摩擦阻力传感器	800 kg
孔隙水压力传感器	1000 kPa

5.1.2　锥尖阻力传感器和侧壁摩擦阻力传感器标定方法

对锥尖阻力传感器或侧壁摩擦阻力传感器的标定应在专用的标定装置上进行。图 5-3 为测力传感器探头标定装置示意图。

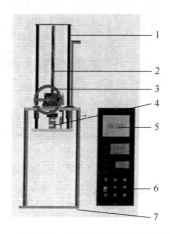

图 5-3　测力传感器探头标定系统示意图

1-导杆；2-螺旋升降机；3-手轮；4-标准力传感器；5-人机界面；6-控制开关；7-加载结构

在标定前调整好标定设备及探头，之后将探头固定在标定设备上，检查整个标定系统是否牢固可靠，确定标定试验能顺利进行时，不断地加载和卸载 3 次以上，以释放空心柱中由于机械加工或者其他原因带来的残压，同时，通过这种标定前的加载卸载，也可以减少应变传感器的滞后性和非线性。随后开始正式加压标定，具体标定方法如下。

（1）确认探头已组装好，探头内的 O 型圈及防尘密封圈已装好，处于使用状态。

（2）利用测力传感器探头标定平台固定好探头，分别标定锥尖阻力和侧壁摩擦阻力，测力传感器标定平台量程应大于探头的额定载荷且小于探头额定载荷的两倍。

（3）标定时的最大加载量应根据探头的额定载荷确定。正式标定前，应至少进行 3～5 次满载荷的加载、卸载，然后进行正式标定。

（4）对探头加载和卸载应逐级进行，每级荷载增量可取最大值加荷的 1/10～1/7，第一级载荷宜分为 3～5 个小级。

（5）每次标定，其加荷、卸荷次数不得少于 3 次循环。

（6）每级加荷或卸荷均应记录仪表输出值（或由上位机自动采集仪表值）。

5.1.3　孔隙水压力传感器标定方法

孔隙水压力传感器标定的目的是得到经采集仪传输至计算机的显示读数与探头实际受到的孔隙水压力之间的关系，也叫作孔隙水压力率定系数。需要在专门的孔隙水压力系统真空饱和与加压装置上进行，如图 5-4 所示。

图 5-4　孔隙水压力传感器标定示意图

1-砝码盘；2-标准砝码；3-预压泵；4-输出接口；5-截止阀；6-手摇预压泵；7-CPTU 探头

标定方法如下。

（1）将孔隙水压力探头安装在有专门标定装置的饱和器中进行饱和，饱和后不得将探头从容器中取出。

（2）连接好探头、电缆和测量仪表，同时对仪表进行调零。

（3）对探头逐级加压（向容器内加压，压力大小由标准砝码确定），同时测记孔隙压水力传感器相应的读数变化量（数字式探头可实现数据的上位机自动采集）。由于孔隙水压力传感器的耐压能力不大，建议以 0.1 MPa 为一级，最大载荷量为 2 MPa。

（4）然后逐级卸荷至零，并测记孔隙水压力传感器读数。

（5）重复步骤（3）和（4）3 次循环以上。

（6）按上述测力传感器类似方法计算孔隙水压力标定系数，先求每级压力下测量仪表的平均输出值，然后绘制压力与仪表输出值（或电脑自动采集值）的关系曲线，该曲线的斜率即为孔隙水压力标定系数。同样，可计算孔隙压力标定系数的各项误差。

5.2　CPTU 传感器静态性能

5.2.1　锥尖阻力传感器静态特性

按照上述锥尖阻力传感器的标定方法和步骤，选取递增递减量为 4000 kg，对弹性体分别进行 3 次加载和 3 次卸载，加载结果如图 5-5 所示，标定实验得到的静态性能指标见表 5-2。

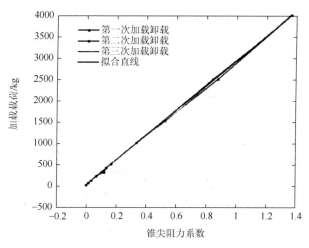

图 5-5　锥尖阻力传感器整体标定实验结果

表 5-2　锥尖阻力传感器标定实验结果统计

计算方式	拟合直线		静态性能指标/(位置/kg)		
	斜率	截距	非线性度	重复性	迟滞性
整体	2972.518	2.309	0.11%/(4000)	0.21%/(1500)	0.08%/(4000)

从标定试验结果可以看出，锥尖阻力传感器的非线性度为 0.11%，较普通最小二乘法的分析结果（0.8%），精度提升了 0.69%。

5.2.2　侧壁摩擦阻力传感器静态特性

同理，按照上述侧壁摩擦阻力传感器的标定方法和步骤，选取递增递减量为 800 kg，对弹性体分别进行 3 次加载和 3 次卸载，加载结果如图 5-6 所示，标定实验得到的静态性能指标见表 5-3。

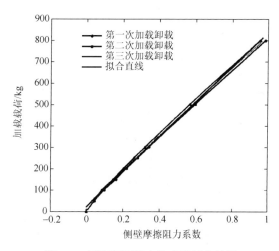

图 5-6　侧壁摩擦阻力传感器标定结果

表 5-3   侧壁摩擦阻力传感器标定实验结果统计

计算方式	拟合直线		静态性能指标/(位置/kg)		
	斜率	截距	非线性度	重复性	迟滞性
整体	816.27	20.765	2.95%/(800)	2%/(800)	3.36%/(800)

从标定实验结果可以看出,侧壁摩擦阻力传感器整体的精度能够满足设计要求,同时不难发现,静态指标的出现位置在零点附近时传感器的指标较差,甚至会出现弯曲的现象,产生这种现象的原因如下。一方面是侧壁摩擦阻力传感器受力面为旋转套筒,内径较大,套筒的内径和外径相差很小。当对套筒施力时,有可能会因为套筒不在中心位置而力量分散;另一方面是弹性元件受力柱与套筒卡扣位置处接触面不光滑,造成受力会发生倾斜。而当载荷增大时应力逐渐增大并趋于稳定,所以高载荷的静态指标要优于低载荷部分。

从标定试验结果可以看出,侧壁摩擦阻力传感器的非线性度为 2.95%,较普通最小二乘法的分析结果(4.1%),精度提升了 1.15%。

5.2.3   孔隙水压力传感器静态特性

按照上述孔隙水压力传感器的标定方法和步骤,选取递增递减量为 1 MPa,对弹性体分别进行 3 次加载和 3 次卸载,加载结果如图 5-7 所示,标定实验得到的静态性能指标见表 5-4。

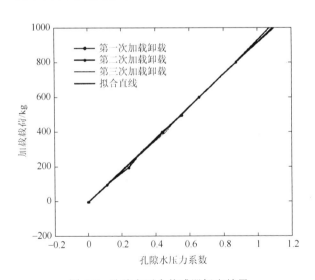

图 5-7   孔隙水压力传感器标定结果

表 5-4   孔隙水压力传感器标定实验结果统计

计算方式	拟合直线		静态性能指标/(位置/MPa)		
	斜率	截距	非线性度	重复性	迟滞性
整体	917.97	−0.23536	0.24%/(1000)	0.79%/(1000)	0.39%/(1000)

从标定试验结果可以看出，孔隙水压力传感器的非线性度为 0.24%，较普通最小二乘法的分析结果，孔隙水压力传感器非线性度为 3.4%，精度提升了 3.16%。不难发现，孔隙水压力传感器线性度非常高，与真实值非常接近。

同时不难发现，孔隙水压力传感器线性度与锥尖阻力传感器的线性度基本吻合，锥尖阻力传感器与孔隙水压力传感器固定方式一致，受力面积一样，所不同之处在于锥尖阻力传感器为应变传感器，孔隙水压力传感器为薄膜压力传感器。

5.3　伽马能谱探管的标定

伽马能谱探管所得 γ 能谱的形状及各光电峰对应能量是由核素种类决定的，但光电峰对应的道址会由不同的测试环境发生改变。因此，在利用伽马能谱探管进行未知核素能量测定之前，必须在当前条件下用已知能量的核素来进行探管谱能量的标定[3]。

5.3.1　相关元素的谱线

当伽马能谱上位机软件和伽马能谱电路部分都调试成功后，在实验室环境下（16～25℃）测得 ^{137}Cs 的谱线图，如图 5-8 所示。

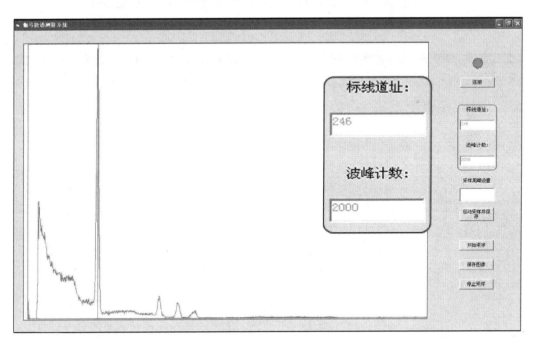

图 5-8　^{137}Cs 的谱线图

在石家庄核工业航测遥感中心的 0.7‰的钍的刻度井中测得 ^{232}Th 的谱线图，如图 5-9 所示。

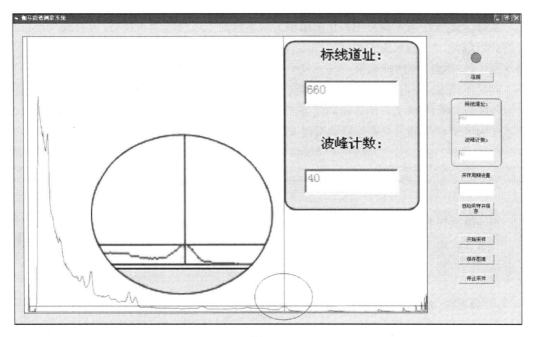

图 5-9 ^{232}Th 的谱线图

在石家庄核工业航测遥感中心的 0.2‰的铀的刻度井中测得 ^{235}U 的谱线图，如图 5-10 所示。

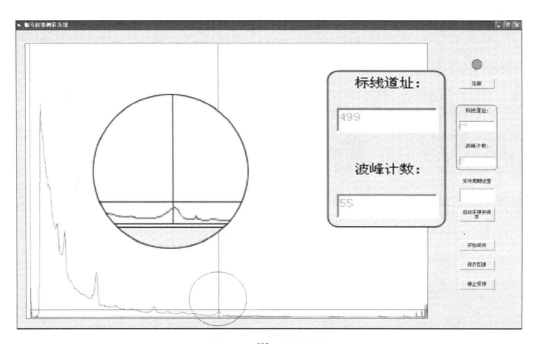

图 5-10 ^{235}U 的谱线图

通过实验测得的标准谱线图可用于标定多道伽马能谱探管的主要技术指标：能量分辨率、能量线性度和峰位稳定性。

5.3.2　能量分辨率的测试

能量分辨率的测试选用的是国际原子能机构推荐使用的标准源之一铯源（^{137}Cs），它是能量为（661.615±0.030）KeV 的伽马射线源，在实验室环境下（16～25℃）进行 5 次测量，见表 5-5。每次测量时间为 1 个小时，根据经典公式可以计算出多道伽马能谱探管的能量分辨率：

$$能量分辨率 = \frac{铯峰半高宽度}{峰位} \times 100\% \qquad (5\text{-}2)$$

求得能量分辨率的平均值为 3.25%。

表 5-5　能量分辨率测试结果

序号	1	2	3	4	5
峰位	245	246	244	247	246
半高/宽	8.0/3.2	8.0/3.2	8.0/3.2	8.0/3.2	8.0/3.2
分辨率	6%	5%	7%	3%	5%

根据表 5-5 可知，多道伽马能谱探管的能量分辨率达到了 3.25%，这在基于闪烁探测器的多道伽马能谱探管中，取得了比较理想的效果。

5.3.3　能量线性度的测试

使系统连续测量两个小时，获得 1024 道的能量与峰值及多道伽马谱探管的道址的 5 组数据，对于峰位不一样的谱线，找到 ^{137}Cs 峰、^{40}K 峰、^{235}U 峰和 ^{232}Th 峰对应的道址，见表 5-6。其中 ^{137}Cs 的能量为 0.661 MeV、^{40}K 的能量是 1.462 MeV，^{235}U 的能量是 1.764 MeV，^{232}Th 的能量为 2.620 MeV，然后以道址作为横坐标，以能量作为纵坐标，将这些信息拟合成一条直线，最后再将其中偏移量最大的差值和其对应的理论值相比得出能量线性度，如图 5-11 所示。

表 5-6　线性度测试数据表

元素	^{137}Cs	^{40}K	^{235}U	^{232}Th
能量/MeV	0.661	1.462	1.764	2.620
峰值点对应的道址/道	245	409	502	658

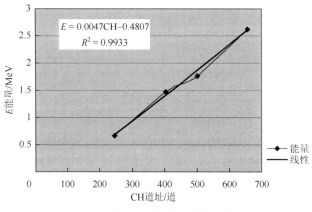

图 5-11　能量和道址的线性关系图

由图 5-11 可知，能谱探管和道址具有良好的线性度，拟合直线能够大于 99%的解释道址和能量的对应关系。

5.3.4　峰位稳定性的测试

在条件相同的室温环境（16～25℃）下，每隔 20 min 观察并记录 ^{137}Cs 峰、^{40}K 峰、^{235}U 峰和 ^{232}Th 峰在对应的道址的变化，其整理的结果见表 5-7。

表 5-7　峰位稳定性测试数据

观察次数	^{137}Cs 峰/道	^{40}K 峰/道	^{235}U 峰/道	^{232}Th 峰/道
1	245	409	502	658
2	246	413	505	661
3	244	407	499	655
4	247	413	504	661
5	246	412	504	660

根据表 5-7 得知，伽马能谱探管在室温环境（16～25℃）下，峰位漂移在±3 道。

5.4　电阻率探管的标定

电阻率探管电极系供电模块与电极系主体设计完成后，标志着电极系测试单元的设计完成，为实现电极系测试单元测量电阻率的需要，须为电极系测试单元进行标定。

5.4.1　电极系测试单元标定的理论分析

在电极系测试单元标定的理论分析过程中，需假定如下前提条件。

（1）地层形成过程中介质是均匀的、各向同性的。

（2）在相同地层区域内供电时，需供给理想点电源，实现介质区域形成点电源电场，其电场分布如图 2-9 所示[4-6]。

根据电极系测试过程的理论分析可得到如下结论。

（1）式（2-10）表明，只要在某地层电阻率测量中，所设计的电极系中的电极相对位置确定，且各电极之间的尺寸固定后，电极系系数 K 的数值是不变的。

（2）介质均匀性、点电源条件及仪器测量的电压信号和电流信号精度对电极系测试单元标定有重要的影响作用。

结论（1）为电极系测试单元实验标定方法设计的理论依据，而结论（2）则成为电极系测试单元测量地层电阻率数值准确与否的关键条件。

5.4.2　电极系测试单元实验标定的方法

为准确测量某地层的电阻率，根据上述理论分析可知，测定 K 一般选择在某个地层的一维物理模型中进行，在模型内装满已知电阻率为 R 的均匀 NaCl 溶液，确保将电极系的三极浸没在溶液中。在供电回路中通入已知电流 I，测出电位差 ΔU_{MN}，用修正的电阻率式（5-3）计算出 K：

$$K = (R - b)\frac{I}{\Delta U_{MN}} \tag{5-3}$$

式中：b 为装置的误差修正系数。

为了测准 K，需要在电源供电条件下，采用多种浓度的均匀 NaCl 溶液进行校验，然后进行线性回归，从而完成电极系测试单元的标定。为选择地层电阻率测量装置合适的供电方式，分别采用恒压和恒流工作方式进行电极系测试单元的标定，标定过程见表 5-8 和图 5-12。

表 5-8　U/I 与 R 的对应关系

溶液浓度/ppm	恒压式 $U/I/\Omega$	恒流式 $U/I/\Omega$	$R/(\Omega\cdot m)$
1000	0.3002	0.2808	7.4
3000	0.1282	0.2004	2.55
5000	0.1016	0.1385	1.58
7000	0.0868	0.1044	1.12
35000	0.0607	0.0904	0.268
40000	0.0605	0.1032	0.25

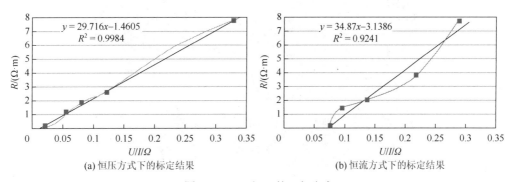

(a) 恒压方式下的标定结果　　　　　　(b) 恒流方式下的标定结果

图 5-12　U/I 与 R 的回归公式

表 5-8 表示在 10.5℃不同浓度的 NaCi 溶液下,利用电极系测得的电阻值(*U/I*)与该浓度下溶液的电阻率之间的对应关系,图 5-12 为通过以上的对应关系建立的电阻率回归直线,通过建立的回归公式即可完成电极系测试单元的标定,其中图 5-12(a)为恒压方式下的标定结果,图 5-12(b)为恒流方式下的标定结果,通过两种方式下线性标定相关度(R^2)的比较,证明恒压工作方式所测电阻率更加稳定,更适用于地层电阻率测量装置。

5.4.3　电极系测试单元标定实验结果分析

根据电极系测试单元标定的理论分析获得的实验标定方法应用于一维地层电阻率实验平台中,测量的电阻率数值稳定,表明该标定方法基本实现预期目标,满足设计需求。

要指出的是,若使电极系测试单元精确测量某地层的电阻率,则力求该地层测量区域均匀同向、精确采集 *U/I* 信号及供电电源无限接近点电源。同时,电极系测试单元使用中的磨损或腐蚀等都会使标定结果发生变化,因此应经常校验电极系测试单元,以确保待测介质电阻率数值的可靠性[7]。

5.5　实验设备与实验场地选择

5.5.1　试验设备

试验采用中国地质大学(武汉)研制的多功能静力触探综合平台,如图 5-13 所示。钻探系统在机身的前端,用于钻探与取样;触探系统位于机身的尾部,用于静力触探测试。机身以履带的方式移动,能够通过不平整的场地,保证钻探与触探试验的快速进行。

图 5-13　多功能静力触探试验现场

多功能静力触探测量系统采用孔隙压力静力触探探头采集模块、井温（井径）采集模块、电阻率采集模块、声波采集模块和自然伽马采集模块的组合方式，各数据测量模块之间可以相互组合，组合探管在电路上通过智能控制总线进行各模块的通信和远程数据传输，其结构如图 5-14 所示。

| 自然伽马 | 侧向电阻率 | 自然电位 | 井径（声波） | CPTU |

图 5-14　多功能组合探管结构

CPTU 探头位于探管底部，用于测量探管压入时地层的锥尖阻力 q_c，侧壁摩擦阻力 f_s 及孔隙水压力 u_2 等土体参数。

井径（声波）探管位于 CPTU 探头的上方，这样井径臂推靠部分基本位于探管的中部位置，在推靠测量井径和侧向电阻率时探管的重心正好在探管的中间位置，有利于在测井过程中保持探管平衡。

自然电位探管测量电极位于中间部位，是为了尽量减小探管金属外壳对自然电位的平滑压制。自然电位电极采用铅电极，铅的自激化电位较低，相对价格也低，性价比较高。铅电极两侧采用聚乙烯绝缘材料，其强度高，绝缘性能好耐腐蚀。

侧向电阻率探管位于最上部，主要是考虑到侧向电阻率具有屏蔽电极越长，测出的电阻率曲线越好的特性；考虑探管空间尺寸限制，将三侧向电阻率探管置于上部可以借助电缆连接器作为上部屏蔽电极，节省一个屏蔽电极的长度，尽量缩短组合探管的总长度。

自然伽马探管位于组合探管的最上部位。可选用标准探管，采用可拆卸连接方式进行加装，组合探管只给其提供工作电源及数据传输通道，这样并不影响该探管的定期标定，使用非常方便。

5.5.2　场地特性和地层分布

试验场地选取深国际武汉现代综合物流港工程项目工地，该项目场地位于武汉市东西湖区东吴大道与华祥路交叉口，占地 187 亩[①]，地块成倾斜的四边形，地势平坦。原始地貌为大片鱼塘，地貌单元属汉江一级阶地。

本场地上部为第四系全新统冲积黏性土，其下为第四系全新统冲积砂性土。地层分布稳定，地势开阔，地形平坦。钻孔揭露典型地层分布如下：上部 0～3.2 m 为淤泥及淤泥质黏土，强度低，压缩性高；中部 3.2～13.2 m 为粉质黏土夹粉土，中等强度，中等压缩性；下部 13.2～37.9 m 为粉砂至中粗砂，压缩性低，强度高。

---

① 1 亩≈666.7 m²。

5.6　多功能静力触探数据采集和分析

在该区域打了 4 个多功能静力触探实验探孔，探孔编号分别为 C70、C74、C89 和 C119，贯入速率为 2 cm/s，与探管相连接的微机每钻深 10 cm 采集一组测试数据，4 个探孔对应的贯入深度分别为 21 m、23.7 m、26.5 m 和 16 m。这里以 C89 探孔的数据为例进行分析，该孔静力触探曲线和测井曲线如图 5-15 所示。

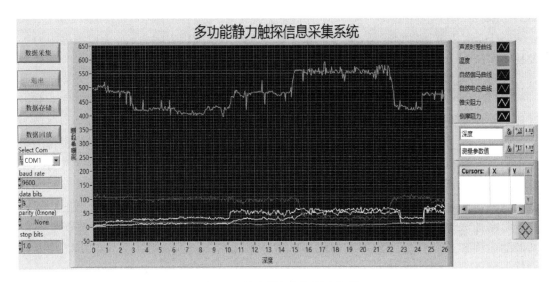

图 5-15　静力触探与测井曲线图

如图 5-15 所示，实验测试的深度超过 26 m，为了更好地进行曲线对比分析，现只对 0～26 m 地层段进行分析。显示面板有 5 条曲线，分别是声波时差曲线（单位 μs/m）、自然伽马曲线（单位 API）、自然电位曲线（单位 mV）、锥尖阻力曲线（单位 100 kPa）和侧摩阻力曲线（单位 kPa）。

5.6.1　静力触探曲线分析

对静力触探曲线进行分析，可以通过静力触探锥尖阻力和侧壁摩擦阻力计算得到摩阻比，利用锥尖阻力曲线、侧壁摩擦阻力曲线和摩阻比曲线来准确判定各土层界面深度，并且对土层定性分析。土层的分层和分析依据是根据阻力大小和曲线形状进行判别[8]。静力触探曲线如图 5-16 所示。

静力触探匀速贯入过程中，探头贯入下一层附近时，探头阻力会受到上下土层的共同影响而发生变化，变大或变小，一般规律是位于曲线变化段的中间深度即为层面深度，并且该土层有较稳定的值段。用该方法可判断土层的分层面。

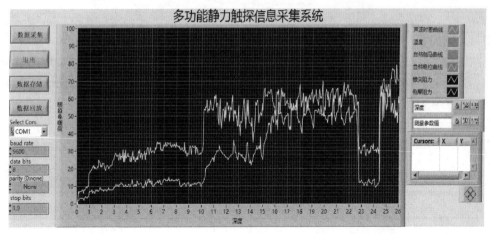

(a) 界面图

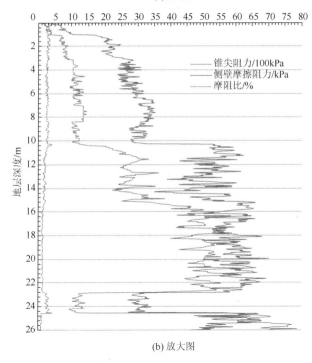

(b) 放大图

图 5-16　静力触探曲线图

通过图 5-16 可以看出，锥尖阻力（q_c）、侧壁摩擦阻力（f_s）在 0.9 m 处曲线数值变大，该处分层明显，其 q_c 小于 0.4 MPa，f_s 小于 20 kPa，经计算得出 R_f 平均值为 2.75，曲线形态平直，起伏较小，判断该层岩性为淤泥土，分层深度为 0.9 m 处。与该测试场地情况一致。用同样方法分析，0.9～3 m 段锥尖阻力曲线稳定，在 3 m 处 q_c 和 f_s 测量值都有增大，可判断 3 m 处为土层的分界面，通过曲线及 q_c 和 f_s 测量值初步判断 0.9～3 m 段地层为泥质黏土。图 5-17 中 3～10.3 m 段，q_c 曲线比较平缓，有缓慢的波形起伏，局部略有向右突峰，f_s 曲线局部略有突峰，位于 q_c 曲线右侧。q_c 为 0.8～1.3 MPa，f_s 为 25～

35 kPa，R_f 平均值为 2.5，可初步判断该地层岩性为粉质黏土。在 10.3～15 m 段，q_c 较大，曲线呈钝锯齿状，局部间隔较大，但偶尔也和 q_c 曲线左右穿插，R_f 平均值为 1.99，可初步判断该地层岩性为粉土。在 15～22.5 m 段，q_c 较大，曲线呈尖锐锯齿状，局部呈不规则的、残破的大锯齿状，f_s 曲线一般和 q_c 曲线间隔较小，曲线尖峰处大部位于 q_c 曲线以左。q_c 大于 4 MPa，f_s 为 45～70 kPa，R_f 平均值为 1.25，可初步判断该地层岩性为粉砂。在 22.5～24.4 m 段，根据该方法判断为粉质黏土。在 24.4 m 处曲线陡然增大，q_c 和 f_s 测量值较大，初步判断该层岩性为圆砾土。根据测试曲线判断和分析大致将场地土层岩性分类为表 5-9。

表 5-9   测试孔土层分类

深度/m	土层类别
0.0～0.9	淤泥土
0.9～3.0	泥质黏土
3～10.3	粉质黏土
10.3～15.0	粉土
15～22.5	粉砂
22.5～24.4	粉质黏土
24.4～26.0	圆砾土

5.6.2   自然电位曲线分析

在钻孔内，砂岩段靠近孔壁的地方有负电荷富集，地层内靠近孔壁的地方有正电荷富集，导致孔内的电势低于地层电势，因而在砂岩段形成扩散电位；在泥岩段，钻孔内靠近孔壁的地方正电荷富集，地层中负电荷富集，导致钻孔的电势高于地层电势。用 M 电极在钻孔中测的自然电流产生的电位降即得自然电位曲线。其值在正常情况下与对应地层中泥质含量关系密切，砂岩中泥质含量增加，则电位降下降，异常幅度减小；砂岩中泥质含量下降，则电位降上升，异常幅度增大。

在测井过程中，自然电位曲线的变化与岩性密切相关，特别是能以明显的异常显示出渗透性地层。泥岩的自然电位曲线大体上构成一条直线或略有倾斜的直线，称作泥岩基线。渗透层的自然地位曲线异常会偏离泥岩基线，偏向低电位一方的异常叫负异常；偏向高电位的异常叫正异常。当曲线出现负异常时，表示该地层为渗透性地层。因为砂岩渗透性远远高于泥岩的渗透性，砂岩为最大负异常。自然电位曲线是随着地层的厚度增大而增大，随着厚度的减小而减小，并且曲线顶部变尖而根部变宽。当地层电阻率增大时，自然电位曲线幅度会逐渐下降[9]。试验测试自然电位曲线如图 5-17 所示。

如图 5-17 所示，曲线在 3 m、10 m、15 m 处曲线都有陡降，在 22 m、24 m 处曲线出现上升，说明该几处深度的地层是较为明显的分界层面。在 0～3 m 段，自然电位测量值较为稳定且相对较大，可判断该段为低渗透性地层。在 3～10 m 段，曲线较为稳定，可判断为同一地层。在 10～15 m、15～22.5 m 段曲线下降，判断为高渗透性地层。与静力触探曲线测试结果基本一致。

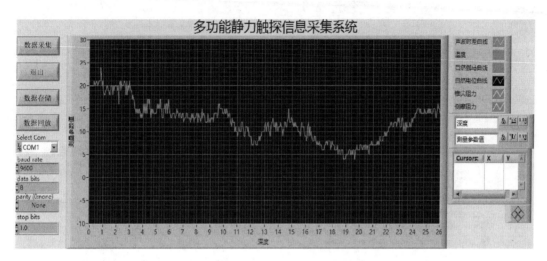

图 5-17　自然电位曲线图

由于自然电位测试结果受到多种因素的影响，与传统的岩土工程参数相比，自然电位指标是一个综合参数。该参数很典型的一个特点就是，对于同一种类型的土，其自然电位变化范围可能很大，而不同类型的土存在重叠现象，因此不能仅依赖一个参数来对土进行分类。在研究岩土的工程性质时，需要参考并结合其他指标进行联合分析。

5.6.3　自然伽马曲线分析

自然伽马是在钻孔内测量地层中自然存在的放射性元素核衰变过程中放射出来的伽马射线强度，通过测量地层的自然伽马射线强度来识别岩土层的一种放射性方法。在泥砂地层剖面上，纯砂岩在自然伽马曲线上显最低值，泥岩显最高值，粉砂岩和泥质砂岩介于二者之间，并随着地层中泥质含量的增加曲线幅度增加。对于高放射性地层，对应地层中心曲线有极大值，随地层厚度增加，极大值为常数；反之，对于低放射性地层，对应地层中心曲线有极小值，随地层厚度增加，极小值也为常数[10]。试验测试自然伽马曲线如图 5-18 所示。

图 5-18 中 0～3 m 放射性值趋势比较平缓，浮动不大，在 3 m 处曲线发生明显变化，可判断该处为岩性分界面；在 3～10 m 段放射性值下降，曲线较平缓，可判断为同一地层；在 10 m 处曲线下降，且下降幅度有所增大，可判断 10～15 m 为低放射性岩土层；在 15～22 m 放射性值陡然减小，放射性值为 20～40API，该处分层明显且厚度较大，在极小值趋于常数，可大致判断为砂土层。在 22～24.3 m 段的放射性值与 3～10 m 段的放射性值

大致相同，可判断为同一地层。在 24.3 m 处曲线变化较为明显，即 24.3～26 m 为另一地层岩性。通过自然伽马曲线可将测试地层大致分为 7 段，与静力触探曲线和自然电位曲线比较符合。

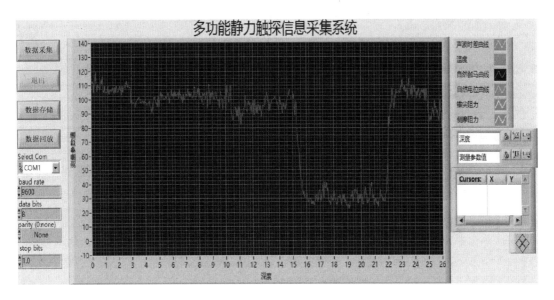

图 5-18　自然伽马曲线图

在一般情况下，对于砂泥岩土地层，测井曲线上的自然电位与自然伽马在变化趋势上基本是一致的。所以可以通过比较、分析所测自然伽马曲线与所测的自然电位曲线来综合解释地层信息更加可靠。

5.6.4　声波时差曲线分析

在泥砂岩剖面上，砂岩显示低时差（高声速），其数值随孔隙度的不同而不同；泥岩一般为高时差（低声速），其数值随压实程度的不同而变化；页岩的时差介于泥岩和砂岩之间；砾岩的时差一般都较低，并且越致密声波时差越小。若地层孔隙增大，声波时差明显增大，甚至出现周波跳跃[11]。试验测试声波时差曲线如图 5-20 所示。

图 5-19 所示 0.9 m 处，声波时差变小，并且在 0.9～3 m 声波时差比较平缓，可判断在 0.9 m 处为地层分界面。3～6 m 段曲线在一个水平上，偶有异常，但基本趋于常数。6～8.2 m 段声波时差有较小的下降，又通过之前自然伽马曲线和自然电位曲线分析 3～10 m 为同一地层，故可综合判断 6～8.2 m 比 3～6 m 和 8.2～10 m 的地层要致密，可将 6～8.2 m 划分一段地层；在 10 m 和 15 m 处声波时差突然变大，曲线变化较为明显，判断此处为地层分界面。15～22.5 m 的声波时差较大，可判断为孔隙度较大。在 24.3 m 处曲线变化较为明显，即 24.3～26 m 为另一地层岩性。声波时差曲线上 22.5～24.3 m 和 24.3～26 m 可明显划分为两段地层。

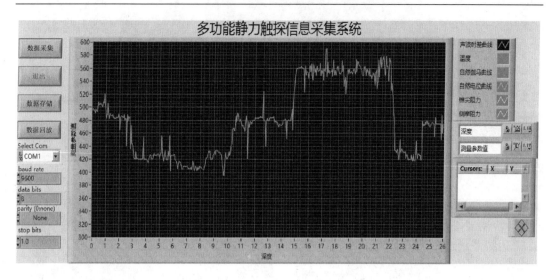

图 5-19　声波时差曲线

5.7　测试结果分析与结论

通过上述静力触探、自然电位、自然伽马、声波时差曲线对比分析，可将 0~26.0 m 地层大致分为 9 段。再根据勘察报告资料和现场钻孔取得的资料，将地层分类为表 5-10。

表 5-10　场地土层类别

深度/m	土层类别
0~0.9	淤泥土
0.9~2.9	泥质黏土（软塑）
2.9~6.0	粉质黏土（可塑）
6.0~8.2	粉质黏土（硬塑）
8.2~10.2	粉质黏土（可塑）
10.2~14.8	粉质黏土夹粉土
14.8~22.5	粉土夹粉砂
22.5~24.3	粉质黏土
24.3~26.0	细圆砾土

将测试曲线分析与勘察资料及现场钻孔取心对比，地层分类基本比较吻合。图 5-20 为钻孔岩心图。

通过对静力触探与声波测井、电阻率测井、自然伽马测井曲线的分析，以及勘察资料与钻孔取心的对比，可以看出多功能静力触探技术在岩土体的岩性判别和划分地层中，可

(a) 粉质黏土

(b) 粉质黏土夹粉土

(c) 粉土夹粉砂

(d) 细圆砾土

图 5-20　钻孔岩心图

以提供测量精度更高、更可靠、数据更全面的地层信息，还可以很好地分辨出较薄地层，并且证明静力触探与声波测井、电阻率测井、自然伽马测井组合式勘察形式在理论上和实践中是可行的，在勘查工艺和手段上具有前瞻性，且能很好地判别地层岩性和土体分类，具有很好的推广和应用价值。

参 考 文 献

[1]　史红叶. 基于无缆传输的数字式孔压静力触探系统研究与设计[D]. 南京：东南大学，2013.

[2]　宋伟. 六维力传感器优化设计及静动态特性研究[D]. 淮南：安徽理工大学，2010.

[3]　吴永鹏，赖万昌. 多道伽马能谱仪中的特征峰稳谱技术[J]. 物探与化探，2003，27（2）：230-233.

[4]　FREEDMAN R，VOGIATZIS J P. Theory of Microwave Dielectric Constant Logging Using the Electromagnetic Wave Propagation Method[J]. Geophysics，1979，44（N05）：969.

[5]　CALVERT T J，RAU R N，WELLS L E. Electromagnetic Propagation：A New Dimension in Logging[J]. SPE California Regional Meeting，1977. 3：121-124.

[6]　冯慈璋，马西奎. 工程电磁场导论[M]. 北京：高等教育出版社，2000：70，90.

[7]　王家禄，沈平平，田玉玲，等. 应用微型探针测量油藏物理模拟饱和度变化[J]. 测井技术，2004，28（2）：99-103.

[8]　郭凌峰，李正东，赖建坤. 双桥静力触探土层划分方法探讨[J]. 建筑监督检测与造价，2016，9（5）：8-12.

[9]　郭云峰. 自然电位测井的应用[J]. 国外测井技术，2017，38（5）：48-50.

[10]　陈中山. 自然伽马曲线在地层划分、煤层对比中的应用[J]. 中国煤炭地质，2016，28（6）：78-82.

[11]　操应长，姜在兴，夏斌，等. 声波时差测井资料识别层序地层单元界面的方法原理及实例[J]. 沉积学报，2003，21（2）：318-323.

第 6 章　CPTU 相关理论及土体分类

　　由于土体本身的不定性和复杂性,以及静力触探探头在贯入时产生的土体大变形等因素,静力触探的机理研究变得异常复杂,至今国内外这方面的研究都不能够较为圆满地解释触探机理,其应用大部分仍处于套用经验或半经验公式基础上,这种状况制约了静力触探的发展,因此,进行触探机理和相关理论的研究是非常有意义的。

6.1　静力触探的贯入机理

　　当以一定的速率将探头压入土体时,探头附近的土体会发生剪切破坏和压缩破坏。而锥头受到土体的反作用力即贯入阻力,包括锥尖阻力(q_c)和侧壁摩擦阻力(f_s)。其机理如图 6-1 所示[1]。

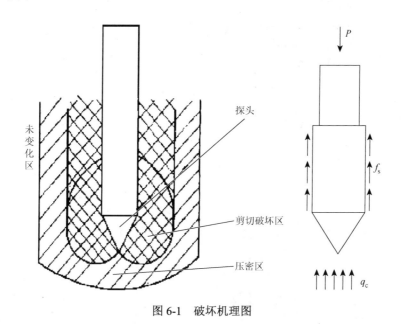

图 6-1　破坏机理图

　　当探头匀速压入地层中时,锥头周围的土体被挤压,由于外层土体的包裹,挤压土体的变形被限制,使其产生剪切和压缩变形,使土体的形态形成了三个区域,即剪切破坏区、挤压区和未破坏区。

　　探头在压入过程中受到的阻力主要为锥尖阻力、侧壁摩擦阻力及孔隙水压力等。由于压入地层的类别、性质和状态的不同,这三种阻力对探头的作用也不一样。通过某种手段测量这些阻力的大小,并建立与压入地层土体的类型和性质的关系,实现地层类型的识别和相关力学参数的求取是静力触探测试的主要目的。

6.2　静力触探的相关理论

探头在贯入地层的过程中，探头周围土体所产生的变形和溃破是非常复杂的，属于土力学研究的范畴。这个过程的影响因素较多，如土体的软硬程度、所含砾石颗粒的大小和多少及赋存环境等。这些都对触探过程地层力学参数的求解带来困难。因此，目前在求解这类问题时主要是将触探过程假设为一准静态过程，通过力、位移、相关的边界条件及与土的本构关系进行，但这求出的也只是一个近似解，要想获得静力触探过程的精确解相当困难。目前应用较多和被业界广泛认可的静力触探理论主要有承载力理论、孔穴扩张理论和应变路径法等。

6.2.1　承载力理论

早期学者认为静力触探过程与桩的贯入过程类似，因此可以尝试利用桩基极限承载力理论对静力触探参数进行理论求解，如锥尖阻力。这种理论被形象地称为承载力理论[2]。

该理论将土体视为刚塑性材料，利用边界应力条件得到应力滑移线，也可以事先利用经验给出假设的滑移面，如图 6-2 所示。

通过应力特征线法或极限平衡法可得到锥尖阻力（q_c）的表达式：

$$q_c = C_u N_c + \sigma_{v0} N_q \tag{6-1}$$

式中：C_u 为土的抗剪强度；σ_{v0} 为上覆总应力；N_c、N_q 为承载力系数。

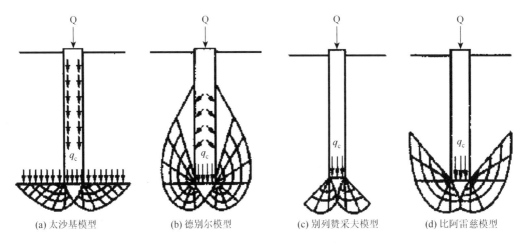

(a) 太沙基模型　　　　(b) 德别尔模型　　　　(c) 别列赞采夫模型　　　　(d) 比阿雷慈模型

图 6-2　假设滑移面的不同形式

不过，基于传统极限状态的理论不能很好地说明探头稳定贯入时土体的响应特征，所以滑移面位置不同计算出的结果也不同。这是因为该理论简单地将土体看作理想的刚塑性材料，所以土体在破坏的过程中可以不用考虑其自身的压缩情况。但不可否认静力触探在贯入土体的过程中，土体的压缩变形是主要的，这一点与桩的贯入是有明显差别的。另外，静力触探探头对土体所施加的荷载与桩对土体所施加的荷载，在数量级上也是有差异的。但是，承载力的理论计算结果与实际测试结果很符合。

承载力理论的优点是：与其他理论相比更为简单。用这种理论对砂土进行求解时结果比较符合。缺点是：由于承载力理论忽略了土体的可压缩性，从而忽略了由于土体变形对锥尖而产生的影响。通过实验得出，这种影响表现为，用承载力理论计算黏土时所得结果要比实测结果偏小。

6.2.2　孔穴扩张理论

球形孔扩张理论和柱形孔扩张理论统称为孔穴扩张理论[3]。孔穴扩张理论的基本假定为：材料服从莫尔-库仑屈服准则或广义特雷斯卡屈服准则。

（1）假设土体是理想的弹塑性材料。

（2）圆孔或圆球孔的初始半径与土体相比足够的小。

（3）孔内的压力均匀分布不断增大并扩张。

该理论模型如图 6-3 所示，孔穴所受内压为均布力 P_u，并在该力的作用下，孔径开始扩张。随着均布压力 P_u 的逐步加大，孔穴周围土体的应力状态由弹性转为塑性。当不断加大时，塑性区半径也随之加大。假定其原始半径为 R_f，增大后的半径为 P_u，塑性区最终半径为 R_p，与之对应的最终孔隙压力为 P_u。R_p 以外的上体仍处于原始状态，即弹性状态。

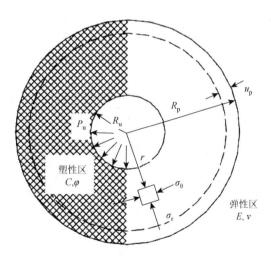

图 6-3　孔穴扩张理论模型

孔穴扩张理论是建立在平衡方程、几何方程和土的本构关系（理想弹塑性模型、邓肯-张模型等）上的，再根据土的破坏准则（莫尔-库仑屈服准则）和边界条件得到的。

所以不同的本构模型就会得到不同的应力-应变关系。

该理论可用于解决饱和黏土中在不排水贯入的条件下静力触探中两个主要问题，一个是初始孔隙压力 Δu 的求解；另一个是给定载荷下探头锥尖阻力 q_c 的求解问题。

该理论的优点是：可以较好地描述探头压入时探头周围三维空间的土体应力状态，边界划分清晰，使周围土体的力学参数的计算相对简化。

不足之处是：该理论对探头周围局部土体的力学分析相对完善，但对整个地层的力学描述不足；另外，探头压入是一个动态的过程，对周围土体施加是动载荷，而该理论未加考虑。

6.2.3　应变路径法

应变路径法是 Baligh 于 1985 年提出的[4]。旨在为合理解释和预估桩的贯入、静力触探、取土器取土等深层岩土工程问题（相对浅基而言）提供一套集成化、系统化的分析方法。

该方法是利用相对简单的土性（如各向同性）估算贯入引起的变形和应变，再利用估算的应变，采用符合实际情形的本构模型，并满足平衡条件，近似计算应力和孔隙压力。

该方法提出贯入引起的超孔隙压力 Δu 为

$$\Delta u = \Delta \sigma_{oct} + \Delta u_s \tag{6-2}$$

式中：Δu_s 为由剪切引起的超孔隙压力，$\Delta u_s = p_0 - p_f$，其中，p_0 为初始平均有效应力，p_f 为最终平均有效应力；$\Delta \sigma_{oct}$ 为八面体正应力增量。

Baligh 通过大量室内不同应力路径的三轴和平面应变不排水试验，得到 Δu_s 与应变路径有关系而与应力路径无关。这样可知，Δu_s 是由应变量来决定的，与应力水平没有关系。

应变路径法的缺点是在计算贯入所产生的应变时不考虑土性的影响，忽略了土的黏性的影响和探头与土的摩擦的影响。另外，通过应变路径法还不能很好地估算应变路径，尤其是在 60°锥头的尖角以后部分的应变路径估算起来比较有难度，由于忽略了土的黏性影响，超固结比（OCR）＞4 的黏土的应力-应变模型与实际结果还存在出入[5]。

6.3　孔隙压力静力触探初始超孔隙压力的分布

探头贯入所产生的超孔隙压力沿水平径向的初始分布，以及停止贯入超孔隙压力的消散均属于轴对称问题。随着对复杂的贯入机理所做的简化假设和所选择的土模型的不同，可以建立不同的计算式。

这方面的理论和方法有孔穴扩张理论、应变路径法、应力路径法和水力压裂理论等。

6.3.1　孔穴扩张理论计算式

假设圆锥在不排水条件下贯入，土为弹塑性介质，土中产生的超孔隙压力是由八面体法向应力的增量或不包括八面体剪应力变化引起的。超孔隙压力的最大值位于孔穴的边界上，即相当于探头的锥尖、锥面、锥头后等部位。在锥尖或锥面处超孔隙压力视为由圆球孔穴扩张引起的，在锥头后面的起始孔隙压力视为圆柱孔穴扩张引起的。超孔隙压力可按下述各式分析。

对于圆球孔穴扩张，超孔隙压力的分布 Δu_{it} 和最大超孔隙压力 Δu_{im}：

$$\Delta u_{it} = 4S_u \ln\left(\frac{R_p}{r}\right) \tag{6-3}$$

或

$$\Delta u_{it} = 4S_u \ln\left(\frac{R_p}{r}\right) + 0.943\alpha_f \cdot S_u \tag{6-4}$$

$$\Delta u_{im} = \frac{3}{4}S_u \ln I_t \tag{6-5}$$

或

$$\Delta u_{im} = \left(\frac{3}{4}\ln I_t + 0.943\alpha_f\right) \cdot S_u \tag{6-6}$$

式中：Δu_{it} 为离孔穴中心 r 处的初始超孔隙压力；R_p 为塑性变形区的极限半径；S_u 为土的不排水抗剪强度；α_f 为 Henkel 孔隙压力系数，$\alpha_f = \frac{\sqrt{2}}{2}(3A_f - 1)$；$A_f$ 为 Skempton 孔隙压力系数；Δu_{im} 为孔穴边界上的最大超孔隙压力；I_t 为土的刚度指数，$I_t = E_u/2(1+v)S_u$。

对于圆柱孔穴扩张，Δu_{it} 和 Δu_{im} 为

$$\Delta u_{it} = 2S_u \ln\left(\frac{R_p}{r}\right) \tag{6-7}$$

或

$$\Delta u_{it} = 2S_u \ln\left(\frac{R_p}{r}\right) + 0.816\alpha_f \cdot S_u \tag{6-8}$$

$$\Delta u_{im} = S_u \ln I_t \tag{6-9}$$

或

$$\Delta u_{im} = (\ln I_t + 0.817\alpha_f) \cdot S_u \tag{6-10}$$

对于饱和软黏土，I_t 为 50～100。按此理论，孔穴边界上的最大超孔隙压力 Δu_{im}，对圆球孔穴扩张为（5.2～6.7）S_u；对圆柱孔穴扩张为（3.9～5.0）S_u。

由以上理论分析，可见：（1）锥尖或锥面上的最大超孔隙压力均大于锥头后的最大超孔隙压力；（2）贯入所产生的超孔隙压力与土的不排水抗剪强度成正比；（3）孔隙压力系数与土的超固结比有关，α_f 或 A_f 对正常固结土为正值，随超固结比（OCR）的变大，孔隙压力系数变小，甚至变成负值。因此，土的 OCR 会影响产生的超孔隙压力。

6.3.2 用应力路径法估算初始超孔隙压力

假设土的本构关系用剑桥模型，用临界状态土力学的概念，正常固结黏性土中孔穴界面的最大初始超孔隙压力可按式（6-11）和式（6-12）估算。

对圆球孔穴扩张：

$$\Delta u_{im} = \left(\frac{1+2K_0}{3}\right) \cdot r'_z - \left(\frac{3-\sin\varphi'}{3\sin\varphi'}\right) \cdot S_u + \frac{\Delta}{3} S_u \ln I_t \qquad (6\text{-}11)$$

对圆柱孔穴扩张：

$$\Delta u_{im} = \left(\frac{1+2K_0}{3}\right) \cdot r'_z - \frac{S_u}{\sin\varphi'} + S_u \ln I_t \qquad (6\text{-}12)$$

式中：K_0 为静止侧压力系数；r'_z 为试验深度的有效上覆压力；φ' 为土的有效内摩擦角。

Randolph 等（1979）建议可用式（6-13）近似地估算 Δu_{im}。

对圆柱孔穴扩张：

$$\Delta u_{im} = 4S_u - \Delta p' \qquad (6\text{-}13)$$

式中：$\Delta p'$ 为土受剪达临界状态的平均有效应力变化。

对于正常固结黏土，$\Delta p'$ 为 $-(1.0\sim1.5)C_u$；当 OCR 增大时，$\Delta p'$ 也增大，并由负值渐变为正值。OCR>3，$\Delta p'$ 就变为正值。当 OCR=8，$\Delta p'$ 约为 $+1.4C_u$。

6.3.3 用应变路径法估算初始超孔隙压力

把圆锥贯入视为应变路径问题分析，贯入引起的超孔隙压力 Δu_i 为

$$\Delta u_i = \Delta\sigma_{oct} + \Delta u_s \qquad (6\text{-}14)$$

式中：$\Delta\sigma_{oct}$ 为八面体法向应力变化；Δu_s 为与应变路径有关的超孔隙压力。

通过对正常固结的波士顿蓝黏土（boston blue clay）作的 K_0 固结不排水三轴试验，发现 $\Delta u_s / \sigma'_v$ 与 ε_v（轴向应变）为双曲线关系。对于圆锥（锥尖角为 18°~30°）贯入，$\Delta u_i / \sigma'_v = 1.0 \pm 0.05$，但在现场软黏性土中实测 Δu_i，发现 $\Delta u_i / \sigma'_v = 2.0 \pm 0.1$，约为理论估算的一倍。

6.3.4 水力压裂理论估算饱和土孔穴扩张产生的初始超孔隙压力

假设土为理想弹塑性介质，孔穴扩张时，在孔穴周围存在塑性区，切向应力出现拉应力，当拉应力达到抗拉强度，土中出现径向开裂，切向应力下降为零，假设土的极限抗拉强度等于 $0.5S_u$，则

$$\Delta u_{im} = \left[2\ln\left(\frac{R_p}{r}\right) + K_0 \frac{\sigma'_v}{S_u} - 0.5\right] \cdot S_u \qquad (6\text{-}15)$$

式中：S_u 为十字板不排水抗剪强度。

6.4　孔隙压力静力触探孔隙压力的消散

　　饱和土体在荷载作用下内部含水缓慢渗出，体积逐渐缩减，超孔隙水压力的产生则是土体体积变化的结果。由于贯入时距离探头的远近、位置不同，产生的超孔隙水压力的分布也不均一，在超孔隙水压力差的作用下，孔隙水会渗流。

　　这样土体一方面因为贯入引起变形，从而生成超孔隙水压力，另一方面又由于超孔隙水压力差的存在，孔隙水会渗流，超孔隙水压力会消散。这两种作用是并存于同一时间同一空间的同一问题的两个方面，必须同时考虑[6-7]。

　　当达到预定深度停止贯入时，根据渗流固结理论，可以假定土体变形在停止的瞬间已经完成，而孔隙水压力的分布并没达到平衡，在超孔隙水压力差的作用下，孔隙水会渗流，超孔隙水压力会逐渐消散，探头周围孔隙水的量会减少；同时，超孔隙水压力差也会减小，超孔隙水压力的消散会趋于缓慢，直至无压力差，各点水头为静止孔隙水水头，超孔隙水压力消散完毕。

　　孔隙压力探头停止贯入后，在锥尖以下，超孔隙压力的消散接近于球面扩散，相应于球对称固结课题；在锥头后等径部位，超孔隙压力的消散为水平径向扩散，相应于轴对称固结课题。按 Terzaghi 固结理论，孔隙压力消散的固结方程为[7-8]

　　对球对称固结：

$$C\left(\frac{\partial^2 u}{\partial r^2}+\frac{2\partial u}{\partial r}\right)=\frac{\partial u}{\partial t} \tag{6-16}$$

式中：C 为土的固结系数。

　　上述的固结微分方程，在满足超孔隙压力的初始条件及边界条件时，可用解析解或数值解（有限差分法或有限元法）。

　　对球对称固结微分方程的解析解为（初始孔隙压力分布采用负指数衰减）：

$$\Delta u(p,T)=\Delta u_{\text{im}}e^{(\alpha+\alpha^2 T)}\frac{1}{p}\left[e^{\alpha p}(p+2\alpha T)F\left(\frac{-p-2\alpha T}{\sqrt{2T}}\right)-e^{-\alpha p}(-p+2\alpha T)F\left(\frac{p-2\alpha T}{\sqrt{2T}}\right)\right] \tag{6-17}$$

式中：T 为时间因子，$T=C_t/r_0^2$。

　　$F(x)=\int_{-\infty}^{\infty}\frac{1}{\sqrt{2\pi}}e^{-2}dt$ 为标准正态分布函数。

　　对圆柱轴对称固结：

$$C_h\left(\frac{\partial^2 u}{\partial r^2}+\frac{1}{r}\frac{\partial u}{\partial r}\right)=\frac{\partial u}{\partial t} \tag{6-18}$$

式中：C_h 为土的水平向固结系数。

　　同样对圆柱轴对称固结微分方程的解析解为

$$\Delta u(p,T) = \frac{2\Delta u_{im}}{\ln \alpha} \sum_{n=1}^{\infty} \frac{1}{\lambda_n^2 J_1^2(\lambda_n)} J_0\left(\lambda_n \frac{p}{\alpha}\right) e^{-(\lambda_n/\alpha)^2 T} \qquad (6\text{-}19)$$

式中：T 为时间因子，$T = C_h t/r_0^2$；λ_n 为正实数；J_0，J_1 为第一类零阶和一阶贝塞尔函数。孔隙压力消散的影响范围对球对称和圆柱轴对称固结分别 $9r_0$ 和 $16r_0$。

用 Terzaghi 固结理论推导固结微分方程时，有一系列简化假设：土是均质各向同性线弹性介质，完全饱和；土粒与水的压缩忽略不计；土中水的渗流服从达西定律；固结过程总压力不随时间变化，深透系数保持为常数。

超孔隙压力的初始分布对孔隙压力的消散过程有显著影响。超孔隙压力的消散主要受探头周围一定范围的土的性状的影响，在此范围外的土对固结过程没有什么影响，消散主要受水平固结系数 C_h 控制。

6.5　孔隙水压力静力触探的土体分类方法

孔隙水压力静力触探的锥尖阻力、侧壁摩擦阻力及孔隙水压力等参数，可直观地反映地层土类的变化。因此通常采用建立 CPTU 参数和地层土类之间的图表关系来实现土体类型的预测。国内外基于 CPTU 试验已经发展了许多不同的方法。

6.5.1　CPTU 数据的修正

CPTU 测试时探头在贯入过程中其测量参数中的锥尖阻力、孔隙水压力和侧壁摩擦阻力受实际地层的影响，其实际受力状况往往是不断变化的，因此通常需对三个参数予以修正[9]。锥头贯入时的受力情况如图 6-4 所示。

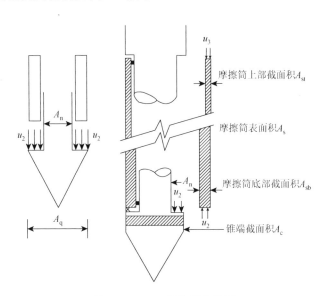

图 6-4　CPTU 探头受力分析

1. 锥尖阻力修正

由图 6-4 可以看出，探头贯入时其透水滤器上下锥底的孔隙水压力往往是不一样的，存在压力差，使锥头测得的阻力与实际阻力不同，需要予以修正。

真实锥尖阻力 q_t 按式（6-20）计算：

$$q_t = q_c + (1 - A_n / A_q)u_2 \tag{6-20}$$

令 $\alpha = A_n / A_q$，则

$$q_t = q_c + (1 - \alpha)u_2 \tag{6-21}$$

式中：α 为探头面积比系数 $= A_n / A_q$；A_n 为锥头投影面积；A_q 为探头截面积；u_2 为锥头后近锥底处量测的孔隙水压力。

2. 孔隙水压力修正

由于存在锥尖和锥端面积的差异，测出的孔隙水压力往往不是真实状况，一般用超孔隙水压力（超过理论静水压力的压力值）来修正。

超孔隙水压力 Δu：

$$\Delta u = u_2 - u_0 \tag{6-22}$$

式中：u_2 为锥肩孔隙压力；u_0 为静水孔隙压力。

3. 侧壁摩擦阻力修正

同理，对侧壁摩擦阻力也应予以修正，其真实侧壁摩擦阻力 f_t 按式（6-23）计算：

$$f_t = f_s - \frac{(u_2 \cdot A_{sb} - u_3 \cdot A_{st})}{A_s} \tag{6-23}$$

式中：f_s 为测得的实际侧壁摩阻力；A_s 为侧壁摩擦筒面积；A_{sb} 为侧壁摩擦筒底面积；A_{st} 为侧壁摩擦筒顶面积；u_2 为锥肩处孔隙压力；u_3 为摩擦筒上部测得的实际孔隙压力。

在饱和软黏土中，由于测得的锥尖阻力 q_c 很低，而孔隙压力数据 u_2 却很高，往往 $u_2 > q_c$，测量值与实际误差较大，因此需对其进行修正。在砂土中，$u_2 \approx u_0$，当锥尖阻力 $q_c \to \infty$ 时，孔隙压力 $u_2 \to 0$，根据式（6-21），则 $q_c \approx q_t$，因此通常也可以不予修正。

6.5.2　国内 CPTU 分类方法

1. 张诚厚土体分类法

张诚厚等在 1990 年提出用归一化的参数 B_q 和无量纲参数 $\log(q_t / \sigma_e)$ 作为分类指标，其中 $B_q = \Delta u / (q_t - \sigma_e)$，$\sigma_e = \rho_w gh = 10h$（kPa），$h$ 为埋深[10]。其通过荷兰等国外地区的 CPTU 试验资料，将土类为黏土、粉质土和砂土的试验点投影到 $\log(q_t / \sigma_e)$ 上，发现这三类土落到三个区域。通过分析，得出了一个区分砂土、粉土及黏土的土体分类参数，此参数的定义为

$$N_{h} = \frac{0.5B_{q}}{\log\left(q_{t}/2\sigma_{e}\right)} \times 100\% \qquad (6\text{-}24)$$

其中对黏土，$220 < N_{h} < \infty$；粉土，$3.3 < N_{h} < 220$；砂土，$0 < N_{h} < 3.3$。其分类图如 6-5 所示。

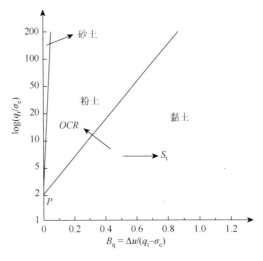

图 6-5　张诚厚等分类图

2. 铁路 TB 10018-2018 土体分类法

《铁路工程地质原位测试规程》（TB 10018—2018）也提出了一种基于锥尖阻力修正值 q_{t} 和孔隙压力比 B_{q} 的分类方法。其分类图如 6-6 所示。其中：

$$B_{q} = \frac{u_{2} - u_{0}}{q_{t} - \sigma_{v0}} \qquad (6\text{-}25)$$

式中：u_{0} 为静止孔隙水压力；σ_{v0} 为原位总的上覆土应力。

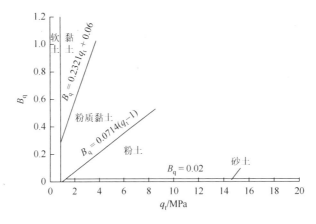

图 6-6　铁路 TB 10041—2003 分类图

6.5.3　国外 CPTU 分类方法

1. Robertson 土体分类法

Robertson 等在 1986 年首先提出了根据 CPTU 测得的孔隙压力数据对锥尖阻力进行修正，并用锥尖阻力修正值 q_t 进行土体分类。其分类图如 6-7 所示。其中摩阻比 R_f 定义如下：

$$R_f = \frac{f_s}{q_t} \qquad (6\text{-}26)$$

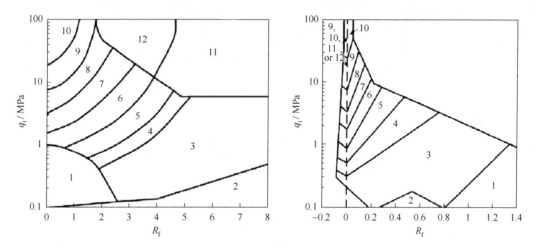

图 6-7　Robertson1986 年分类图

1-灵敏性土；2-有机土；3-黏土；4-粉质黏土—黏土；5-黏质粉土—粉质黏土；6-砂质粉土—黏质粉土；7-粉质砂土—砂质粉土；8-砂土—粉质砂土；9-砂土；10-砾质砂土—砂土；11-坚硬细粒土（超固结土）；12-砂土—黏质砂土（超固结或胶结）

为解决土体上覆压力的影响，Robertson 在 1990 年提出了一种基于锥尖阻力 Q_t 和归一化的摩阻比 F_r 和孔隙水压力 B_q 的土体分类图，该分类图是对其 1986 年分类图的改进[11]，如图 6-8 所示。其中：

$$Q_t = \frac{q_t - \sigma_{v0}}{\sigma'_{v0}}, \quad F_r = \frac{f_s}{q_t - \sigma_{v0}} \qquad (6\text{-}27)$$

式中：σ'_{v0} 为上覆有效压力，$\sigma'_{v0} = \sigma_{v0} - u_0$。

2. Eslami-Fellenius 土体分类法

Eslami 和 Fellenius 在 1997 年提出了基于有效锥尖阻力（q_e）和侧壁摩擦阻力（f_s）的土体分类图[12]，如图 6-9 所示。其中：

$$q_e = q_t - u_2 \qquad (6\text{-}28)$$

根据式（6-2），式（6-28）可化简为

$$q_{e} = q_{c} - 0.84u_{2} \qquad (6\text{-}29)$$

式中：q_e 为有效锥尖阻力。

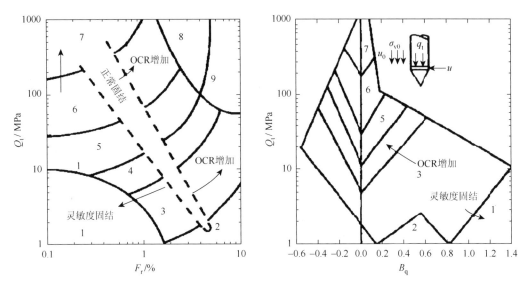

图 6-8　Robertson 1990 年分类图

1-灵敏性土；2-有机土；3-黏土—粉质黏土；4-黏质粉土—粉质黏土；5-粉质砂土—砂质粉土；6-砂土—粉质砂土；7-砾质砂土—砂土；8-砂土—黏质砂土（超固结或胶结）；9-坚硬细粒土（超固结土或胶结）

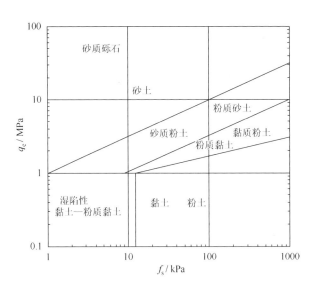

图 6-9　Eslami-Fellenius 分类图

3. Ramsey 土体分类法

Ramsey 在 2002 年根据大量 CPTU 数据及室内土工试验的对比分析，得出了基于归一化的锥尖阻力 q_t 和归一化的摩阻比 F_r 的土体分类图，如表 6-1 和图 6-10 所示。

表 6-1　Ramsey 分类表

分区	特性	S_t(-)	OC/%	S_u / σ_{v0}'	细粒含量/%	黏粒含量/%	相对 A 线位置
1	灵敏性土	>8	—	—	>35	>12	上方
2	有机土	—	>5	—	—	—	—
3	黏土（正常固结—轻微超固结）	—	—	≤1	>35	>12	上方
4	黏土（超固结）	—	—	>1	>35	>12	上方
5	黏质砂	—	—	—	≤35	≥5～12	下方
6	砂质—黏质粉土	—	—	—	>35～65	≥5～12	下方
7	砂质粉土	—	—	—	>35～65	<5	—
8	粉质砂	—	—	—	>12～35	<5	—
9	纯砂—砾	—	—	—	≤12	<5	—

注：①分区 1 和 2 是直接基于 Robertson 的分类图[11]；②S_t 表示灵敏度；③OC 表示有机质含量（按重量）；④A 线为阿太保界限分类图中的 A 线。

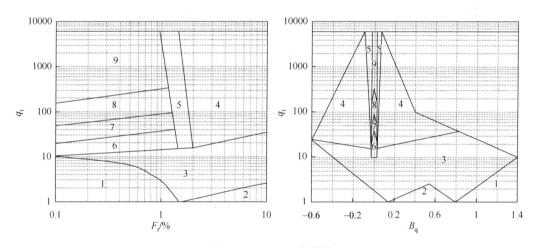

图 6-10　Ramsey 分类图

6.5.4　几种土体分类法的特点

张诚厚分类图和铁路 TB 10041-2003 分类图对黏性土的分类结果比较理想，但由于 B_q 和 B_p 的取值限制（分类图中两者的取值都必须大于 0），其对砂土的分类结果较差。但张诚厚土体分类法仅须知道锥尖阻力和孔隙水压力就可以进行土体分类，是一种比较简单的方法，这种情况下要想对土性进行正确的划分就需要经验的判断，该分类法适用于现场初步的土体分类判断。

Robertson1986 年、Robertson1990 年分类图对黏性土和砂土的分类结果都比较理想，能较好地反映土体特性。并且 Robertson1990 年分类图采用了归一化的参数，考虑了上覆压力对土类的影响，能更准确地判别砂土。但两种分类图在使用时需要给出用于计算上覆

土压力 σ_{v0} 的土体容重值。目前也积累了一些通过静力触探数据换算土体容重的经验公式，但都需要与室内土工试验进行比较分析。因此，Robertson1986 年、Robertson1990 年分类图适合结合土工试验对土类进行精细判别。

Robertson1990 年土体分类方法和 Eslami-Fellenius 土体分类方法都能较准确地判别土的类型，但本书认为 Eslami-Fellenius 土体分类方法是一种较简单、直观的分类法，可较准确地判别地层土质类型，建议使用 Eslami-Fellenius 分类图进行地层土质分类。

参 考 文 献

[1]　魏杰. 静力触探确定桩承载力的理论方法[J]. 岩土工程学报，1994（5）：13-18.

[2]　石明生，张智勇，魏杰. 静力触探确定地基承载力的理论公式[J]. 郑州工学院学报，1994，15，（3）：34-40.

[3]　李月建，陈云敏. 土体内空穴球形扩张问题的一般解及应用[J]. 土木工程学报，2002，35，（1）：93-98

[4]　BALIGH M M. Strain path method[J]. Geotech Eng DivA SCE111，1985，（9）：1108-1136.

[5]　LEVADOUX，JACQUES-NOEl，BALIGH. Consolidation penetration I：prediction[J]. Journal of Geotechnical Engineering，1986，112（7）：707-726.

[6]　CAMPANELLA R G，GILLESPIE D，ROBERTSON P K. Pore pressure during cone penetration testing[C]//Proceedings of the 2"d European Symposium on Penetration Testing，ESOPT-II，Amsterdam，1982，12：7-50.

[7]　LUNNE T，LACASSE S. Use of in situ tests in north sea soil investigations[C]//Proceedings of the Symposium：From Theory to Practice in Deep Foundations，1985，9：17-25.

[8]　SCHMERTMANN J H. Measurement of in situ shear strength[C]//Proceedings of the ASCE Specilaity Conference on In Situ Measurement of Soil Properities，Raleigh，North Carolina，American Society of Engineers（ASCE），1975，2：57-138.

[9]　蔡国军，刘松玉，童立元. 孔压静力触探（CPTU）测试成果影响因素及原始数据修正方法探讨[J]. 工程地质学报，2006，14（5）：632-636.

[10]　张诚厚，ROSONBRG，GREEUW W F，等. A 一种用孔隙压力圆锥贯入试验测定软土的新分类图[J]. 水利水运科学研究，1990（4）：427-438.

[11]　ROBERTSON P K. Soil clarification using the cone penetration test[J]. Canadian geotechnical journal，1990，27（1）：151-158.

[12]　Eslami A，Fellenius B H. Pile capacity by direct CPT and CPTU methods applied to 102 case histories[J]. Canadian geotechnical journal，1997，34（6）：880-898.

第 7 章　静力触探贯入机理的有限元分析

ABAQUS 软件是国际上最先进的有限元软件之一，软件中包含了大量适合岩土工程分析的本构模型，更拥有数百种的不同单元类型，还具有解决耦合场和非线性分析的功能，目前 ABAQUS 成为岩土工程分析中最常用的软件之一。

7.1　有限元分析用于静力触探概述

尽管孔穴扩张理论考虑了土的刚度、压缩性（或剪胀性）和贯入过程中水平应力的减少等因素的影响，通过孔穴扩张理论获得的解析解还是非常有限的，很多理论成果都是在极端条件下获取的。此外，利用孔穴扩张理论对静力触探贯入过程中土体大应变分析比较困难，无法同时考虑土体初始应力状态、刚度指数、探头粗糙程度等因素对土体特性的影响。

对于岩土贯入问题的求解，有限元方法有以下几个优点。

（1）可以模拟土的刚度和压缩性。

（2）可以模拟初始应力场。

（3）可以采用不同的本构模型。

（4）不需要预先假设破坏模式。

（5）满足平衡方程，屈服条件。

基于以上这些优点，有限元法在岩土贯入问题中应用广泛。对触探阻力的分析，主要有小变形和大变形两种分析方法。在小变形分析方法明显不符合实际情况，因为在探头的贯入过程中，探杆附近的侧向应力增大了，探杆周围的应力变化将导致锥尖阻力比小应变情况下更大。除此之外，传统的小应变有限元分析不能产生必要的残余应力场，所以不能得到一个合适的极限锥尖阻力。一般来说，当应变超过 10%时就不再满足小变形理论的变形条件，在 CPTU 探头贯入过程中，探头周围土体的平均应变往往超过 10%，有时候剪切应变甚至达到 40%。因此在利用有限元软件研究 CPTU 探头贯入时，经典的弹塑性小变形理论会产生较大的误差，引入大变形理论是很有必要的。

ABAQUS 是实现贯入问题中土体大应变分析的一个常用的有限元商业软件，国内外很多学者利用该软件对 CPTU 过程进行了模拟，并取得了丰硕的研究成果。

Huang 等[1]将 CPTU 贯入过程当作二维轴对称问题来处理，将作用于上部边界的均布荷载代替土中特定深度的应力状态，分析了达到稳定状态的贯入深度的影响因素，以及不同因素对稳定状态时锥尖阻力的影响及探头周围土体的变形模式和塑性区域。结果表明 CPTU 的稳态贯入更接近于孔穴扩张问题，而不是承载力问题。

Endra[2]将 CPTU 贯入过程当作二维轴对称问题来处理，分别对单层正常固结砂土、超固结砂土和两层砂土及含砂土的薄夹层的 CPTU 进行了模拟，提出了有效内摩擦角、上覆竖向应力和超固结比估算锥尖阻力的公式。

WEI[3]将土体看作三维有限元，利用各向异性修正剑桥黏土模型及不相关联流动法则，研究了倾斜静力触探贯入黏土时的应力、位移和孔隙压力的变化规律。并将有限元分析结果与实际的标定罐测试结果进行了比较，取得了一致的结果。认为土体的各向异性扮演了重要角色，初始应力状态对锥尖阻力、侧壁摩擦阻力及孔隙水压力影响显著，而各向异性的渗透性对锥尖阻力、侧壁摩擦阻力及孔隙水压力的影响可以忽略不计。

LU 等和 WALKER 等[4-5]将土体当作理想弹塑性材料，采用 Tresca 屈服准则和任意拉格朗日欧拉法（adaptivity Lagrangian Eulerian adaptive meshing）量化了刚度指数、原位应力各向异性指数和锥-土摩擦系数，讨论了探头周围的应力分布特征和塑性区的范围，建立了黏土中探头锥形系数的理论表达式，并与应变路径的相关关系进行了比较。

最近 Van den Berg[6]采用欧拉方程对砂土和黏土中的静力触探贯入进行了复杂的大应变分析。分析中认为有限元网格在空间上是固定的，而土体通过网格"流动"。由此研究表明，当贯入深度达到探头直径 3 倍时，就达到稳定状态；对于刚度指数为 50～500 的黏土，有限元解比实测结果约大 7%。

但该软件在模拟静力触探贯入过程中也存在几个方面的不足。

（1）锥头端部附加的高应变区，存在大应变、大变形。

（2）高度扭曲的网格。

（3）边界条件改变明显。

新版 ABAQUS 提供了一系列自适应技术，包括任意拉格朗日欧拉法、拓扑网格重划分方法和网格之间解答映射方法，可以用来处理这种网格高度扭曲的问题。

7.2 静力触探贯入的有限元分析方法

本节将阐述模拟静力触探从土体表面贯入土体任意深度的有限元分析方法。包括有限元商业软件 ABAQUS 中的显式非线性动态分析方法、探杆-土接触模型、自适应网格技术及土体的本构模型。

7.2.1 显式非线性动态分析方法

显式非线性动态分析方法对于求解广泛的、各种各样的非线性固体和结构力学问题是一个有效的工具[7-8]。显式非线性动态分析方法最显著的特性是没有整体切线刚度矩阵，而这是隐式方法所需要的。因为模型的状态为显式求解，所以不需要迭代和收敛准则。因为显式非线性动态分析方法常采用一个对角的或者块状的质量矩阵，所以求解加速度是不麻烦的，不必同时求解联立方程。任何节点的加速度完全取决于节点的质量和作用在节点上的力，致使节点的计算成本很低，所以每一个增量步相对来说是很省时的。

　　显式非线性动态分析方法执行大量有效的小的时间增量步，使用中心差分方法对时间进行积分，特别适用于求解需要分成许多小的时间增量来达到高精度的高速动力学事件。在接触成为主要问题和易形成局部不稳定的情况下，显式非线性动态分析方法是非常理想的分析方法，能够一个节点一个节点地进行求解而不必迭代。

7.2.2　探杆-土接触模型

1. 主从接触面选择

　　ABAQUS 中一个完整的接触模拟必须包含两个部分：一是接触对的定义，其中定义分析哪些面会发生接触，设定主控面和从属面；二是接触面上的本构关系。

　　在接触对中，首先建立土和锥头接触的面，软件会自动在这些面的节点上建立相应的方程。对于主控面和从属面的选择，按照划分原则，选取刚度大的面作为主控面，这里的刚度是指材料特性和结构刚度。锥头为刚性材料，刚度自然大于土体，所以选择锥头作为主控面，土体作为从属面。从属面节点不会穿透主控面，但是主控面节点可以穿透从属面，如图 7-1 所示。

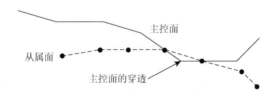

图 7-1　主控面节点可以穿透从属面

　　在接触模拟中应保证从属面处于主控面法线方向所指的一侧，如图 7-2 所示，否则计算不能收敛。另外，在面对面离散中，如果主、从面的法线方向相同，将不会考虑接触。

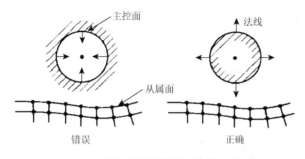

图 7-2　正确和错误的接触面法线方向示例

　　ABAQUS 中接触可以是不连续的，但当有滑动点对面离散接触时，主控面就必须是连续的。因此本书模型中把静力触探探杆选为主控面，土体选为从属面。

2. 库仑摩擦模型

静力触探探杆与土体之间的相互作用为非光滑且有相对滑动，所以两者之间存在摩擦力，而在 ABAQUS 软件中静力触探与土体的相互作用选择库仑摩擦模型作为摩擦类型[9]。这样接触面之间的相互作用就可以用库仑摩擦模型来表示，这个临界值取决于法向接触压力，由式（7-1）确定：

$$\tau_{\mathrm{crit}} = u \times p \tag{7-1}$$

式中：u 为摩擦系数；p 为法向接触压力。

当两接触面间的剪应力小于极限剪应力时，两接触面之间不产生相对位移；而当剪应力大于极限剪应力时，两接触面之间产生相对的滑动。在图 7-3 中，可以表示模拟库仑摩擦行为。当剪应力小于极限剪应力时它们黏结在一起没有相对位移。静力触探探杆与土体之间的摩擦系数与土体的性质有关，不同的土体对应着不同的摩擦系数，一般砂土的摩擦系数为 0.7～0.4，粉质黏土的摩擦系数为 0.55～0.25，对于黏土一般取 $1/3\tan\varphi \leqslant 0.2$，其中 φ 为土体的摩擦角。

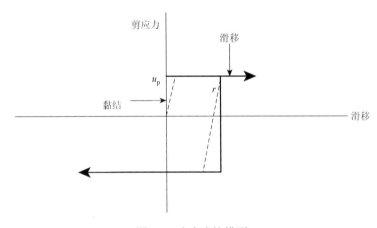

图 7-3　库仑摩擦模型

在某些情况下，接触压力可能比较大，导致极限剪应力也很大，可能超过真正承受的值，此时可以指定一个所允许的最大剪应力。如果贯入深度较浅，侧壁摩擦阻力相对于锥尖阻力很小，可以只考虑锥尖阻力随深度的变化关系，不计摩擦。

7.2.3　自适应网格技术

拉格朗日法、欧拉法及自适应网格法是数值模拟中处理连续体的广泛应用的三种方法。拉格朗日法多用于固体结构的应力-应变分析，欧拉法多用于流体的分析中，因此这两种方法不太适合岩土工程分析。

　　在 ABAQUS 中，自适应网格法结合了拉格朗日法和欧拉法的特点，因此它常常被称为任意拉格朗日欧拉法。自适应网格法首先在结构边界运动的处理上引进了拉格朗日法的特点，因此能够有效地跟踪物质结构边界的运动；其次在内部网格的划分上，它吸收了欧拉法的长处，使内部网格单元独立于物质实体而存在。但它又不完全和欧拉法的网格相同，网格可以根据定义的参数在求解过程中适当调整位置，使得网格不致出现严重的畸变，甚至当大变形发生时也可能维持一个高质量的网格。使用自适应网格法时，物质也是可以在网格与网格之间流动的，所以这种方法在分析大变形问题时是非常有利的。

7.2.4　土体的本构模型

　　在静力触探试验时，靠近锥尖区域的土体发生大变形，一直处于屈服的条件下，必须使用非线性材料本构模型来建立土体模型。

1. Drucker-Prager 模型

　　显式非线性动态分析使用了大量小的时间增量步，额外的计算量增加了总的运行时间，在 ABAQUS 有限元软件中 Drucker-Prager 模型比库仑摩擦模型使用的频率更高，而且 Drucker-Prager 模型比库仑摩擦模型更适合显式动态分析，所以这里选择 Drucker-Prager 模型作为土体的本构模型[7, 10]。

　　图 7-4 描述了 Drucker-Prager 模型屈服面与其他模型屈服面。线性 Drucker-Prager 模型可以表示为

$$F = t - (p \tan \beta) - d = 0 \tag{7-2}$$

$$t = \frac{1}{2} q \left[1 + \frac{1}{K} - \left(1 - \frac{1}{K} \right) \left(\frac{r}{q} \right)^3 \right] \tag{7-3}$$

式中：$p = \sigma_{\text{oct}} = I_1/3$，为平均主应力，也称为八面体主应力，其中，$I_1$ 为第一主应力不变量；$q = \tau_{\text{oct}} = \sqrt{\frac{2}{9}\left(I_1^2 + 3I_2\right)} = \sqrt{\frac{2}{3} J_2}$，称为八面体剪应力，其中，$I_1$、$I_2$ 为第一与第二

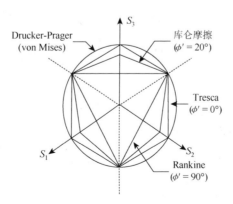

图 7-4　偏应力空间的屈服面

主应力不变量；$r=\left(\dfrac{9}{2}S\cdot S:S\right)^{\frac{1}{8}}$ 为第二偏应力不变量 J_2，其中，S 为偏应力；K 为三轴拉伸屈服应力与三轴压缩屈服应力比；β 为 $p\text{-}t$ 应力平面线性屈服面角，即 Drucker-Prager 模型的内摩擦角，类似于库仑摩擦模型的内摩擦角 φ；d 为 $p\text{-}t$ 应力平面 t 轴的截距，类似于库仑摩擦模型的黏聚力 c。

2. Drucker-Prager 模型与库仑摩擦模型的参数转换

Drucker-Prager 模型的参数是可以从库仑摩擦模型的参数换算得到，下面将介绍这种换算关系[10]。

库仑摩擦模型可以用式（7-4）表示：

$$\sigma_1-\sigma_3+(\sigma_1+\sigma_3)\sin\varphi-2c\cos\varphi=0 \tag{7-4}$$

对于三轴压缩试验：

$$\sigma_1-\sigma_3+(\sigma_1+\sigma_3)\frac{\tan\beta}{2+\dfrac{1}{3}\tan\beta}-\sigma_c^0\frac{1-\dfrac{1}{3}\tan\beta}{1+\dfrac{1}{6}\tan\beta}=0 \tag{7-5}$$

对于三轴拉伸试验：

$$\sigma_1-\sigma_3+(\sigma_1+\sigma_3)\frac{\tan\beta}{\dfrac{2}{K}-\dfrac{1}{3}\tan\beta}-\sigma_c^0\frac{1-\dfrac{1}{3}\tan\beta}{1-\dfrac{1}{6}\tan\beta}=0 \tag{7-6}$$

式中：σ_1、σ_3 为第一与第三主应力。

Chen[11]认为当 K 为式（7-7）时，对于任意的 σ_1、σ_3，式（7-5）与式（7-6）等同于库仑摩擦模型，即与式（7-4）相同。

$$K=\frac{1}{1+\dfrac{1}{3}\tan\beta} \tag{7-7}$$

把式（7-7）代入式（7-6），并与式（7-4）进行比较，可以发现：

$$\tan\beta=\frac{6\sin\varphi}{3-\sin\varphi} \tag{7-8}$$

$$\sigma_c^0=\frac{2c\cos\varphi}{1-\sin\varphi} \tag{7-9}$$

把式（7-8）代入式（7-7），可以得到：

$$K=\frac{3-\sin\varphi}{3+\sin\varphi} \tag{7-10}$$

根据式（7-8）、式（7-9）、式（7-10），Drucker-Prager 模型的参数就可以从库仑摩擦模型的参数换算得到。

7.3　有限元分析模型的建立

7.3.1　有限元模型参数设置

探头取 II-1 型,探头角度为 60°,直径为 35.7 mm,底面积为 10 cm²,摩擦筒长为 179 mm,摩擦筒面积为 200 cm²。静力触探的贯入过程可简化为轴对称问题,由于贯入锥头的刚度比土的刚度大得多,在分析中锥头简化为解析刚体,这样做的好处就在于解析刚体可以准确模拟零部件的几何形状,减小计算代价,解析刚体不需要划分网格,在不考虑温度的情况下使用,计算速度快。

土体的模型大小为 6.4 m×12 m,为了简化计算,采用砂土的材料参数,弹塑性模型采用 Drucker-Prager 模型,流动法则采用相关联的法则。弹性模量取 $E=10$ MPa,泊松比 $\nu=0.3$,$\varphi=35°$,$c=10$ kPa。在静力触探贯入过程中,超孔隙压力对锥尖阻力的影响程度在黏土中可达到 50% 以上,而在砂土中则不足 10%,因此,在此处分析中锥尖阻力没有考虑超孔隙压力的影响。

7.3.2　贯入过程的模拟方法

采用 ABAQUS/Standard 中的大变形计算功能求解。圆锥的贯入过程通过指定探头管顶部向下的位移来进行模拟,但在土体中心线处的边界条件设置需要特别注意,由于轴对称条件的限制,这些区域是不能发生穿越中心线的水平变形的,但是可以出现远离圆锥中心线的开裂变形,即由于圆锥的打入,土体被挤走。严格意义上讲,这种锥体下沉导致的土体开裂并不属于连续介质问题,而且显然与土的抗拉强度有关系。为了简单起见,认为锥尖是插入土中的,因此在土体左上角空出一锥尖的区域,将土和锥头的接触直接定义在这里。我们只选取探头周围 1.5 m×0.75 m 的土体模型做探头贯入过程的分析。

7.3.3　网格的划分

任意拉格朗日欧拉法结合了纯拉格朗日分析和纯欧拉分析的优点。一个完整的任意拉格朗日欧拉法分析包括两个步骤:①建立一个新的网格;②将旧网格的解答及状态变量传输到新网格上。通过这种做法,网格与物质点之间是可以脱离的,因而即使网格发生了很大的扭曲变形,任意拉格朗日欧拉法也能在整个分析过程中保证高质量的网格。如果模型发生了相当大的变形,甚至变形前后的几何形状都有相当大的差异,这时基于变形前的形状剖分网格可能发生扭曲畸变,造成计算精度下降甚至计算终止,而通过任意拉格朗日欧拉法可以取得非常好的效果。

任意拉格朗日欧拉法不改变单元的拓扑关系,即单元个数、节点的个数、单元的编号、单元中节点的编号顺序等,可能会在某些出现极端大变形的问题中不能取得较好的效果。所以任意拉格朗日欧拉法的效率与初始网格有一定程度的依赖性,即很大程度上取决于初始网格的形态。本节，选择距离轴对称线 0.2 m 的区域进行任意拉格朗日欧拉法的网格划分，如图 7-5 所示的左边高亮区域。

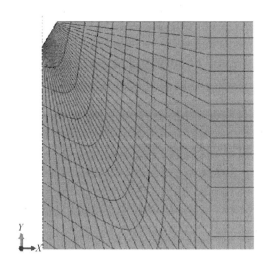

图 7-5　划分任意拉格朗日欧拉法的网格的区域　　　图 7-6　调整区域角点后锥尖附近网格图

网格划分完之后，为了使网格分布合理，需对锥尖附近区域的角点处进行调整，如图 7-6 所示，显然，调整后的网格分布更加合理均匀。

7.4　有限元计算的初始条件设置

7.4.1　锥头贯入过程网格变形

通过有限元软件的后处理功能绘出锥头贯入 $5D$ 和 $10D$（D 为圆锥的直径）后的网格变形图，如图 7-7 和图 7-8 所示。

由图 7-7 和图 7-8 可见，网格的形态都比较好，体现了任意拉格朗日欧拉法划分网格的效果。需要指出的是，正如前面所提到的，由于采用了网格划分技术，节点脱离了物质点移动，所以位移等值线云图是没有意义的，当然，没有采用任意拉格朗日欧拉法划分的区域除外。

7.4.2　初始地应力的平衡

利用 ABAQUS 有限元软件对岩土工程进行模拟分析时，首先要进行地应力的平衡。关于地应力平衡的原因简单来说是实际的岩土体中由于自身重力是存在应力的，但我们在建模加重力时会产生附加的沉降变形，这个变形在现实中是不存在的，或者说这个变形在土体的历史形成过程中早已完成，通过地应力平衡就会使这个变形为零，与实际相符，所以地应力平衡与否，关键就看其初始位移场的数值。

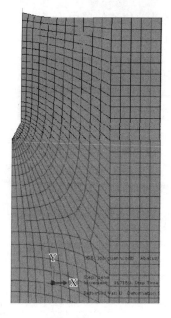
图 7-7 锥头贯入 5D 后的网格变形图

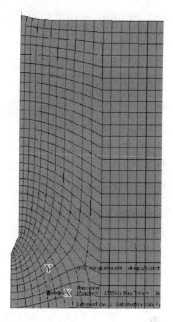
图 7-8 锥头贯入 10D 后的网格变形图

本次模拟中使用的新版本的 ABAQUS 软件，可以自动平衡初始地应力，只需要在计算分析步骤之前加上的地应力平衡分析步骤就可以了，初始地应力平衡的位移云图和应力云图如图 7-9 和图 7-10 所示。

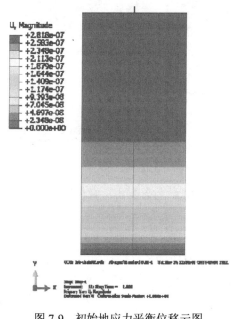
图 7-9 初始地应力平衡位移云图

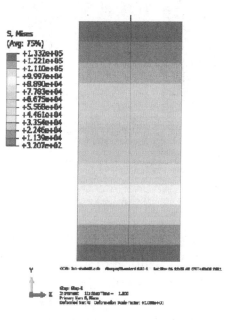
图 7-10 初始地应力平衡应力云图

由图 7-9 位移云图可以看出，平衡之后，初始位移场并不为零，似乎与实际情况不符，但是通过观察位移的数值可以发现，初始位移都非常的小，位移的单位为米，数量级达到了小数点后 7 位，基本可以忽略不计，由图 7-10 应力云图也实现了很好的分层，所以此次初始地应力平衡的结果是成功的。

7.5　静力触探贯入有限元模拟分析

7.5.1　探头贯入时的土体应力状态

利用有限元方法进行模拟分析，可以得到探头贯入至不同深度时的应力场，下面以贯入至 10 m 深度时为例分析其特征。

由图 7-11 和图 7-12 可以看出，探头在贯入过程中，对周围土体产生的影响范围非常小，不超过 3 倍探头直径。贯入产生的应力最大值为 1.9 MPa。

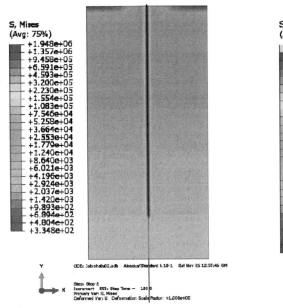
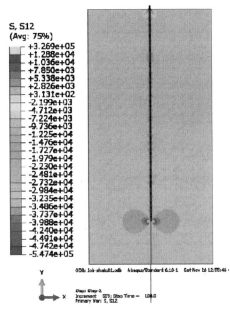

图 7-11　贯入至 10 m 时米塞斯应力云图　　　图 7-12　贯入至 10 m 时剪应力云图

图 7-13～图 7-16 分别给出了探头贯入 10D（D 为探头直径）之后的应力等值线云图。计算结果表明，由于锥头贯入，水平应力和竖向应力都有所增加。同样可以观察到与径向应力 S11 的分布图相比，竖向应力的应力泡在水平方向要小一些，但是在竖向上要大一些。剪应力则出现明显的 X 形状，这和其他一些学者所得到的结果是一致的。所有的应力最大值出现在锥尖肩部而不是锥尖处，这是因为锥尖肩部有明显的转折，容易出现应力集中的现象。

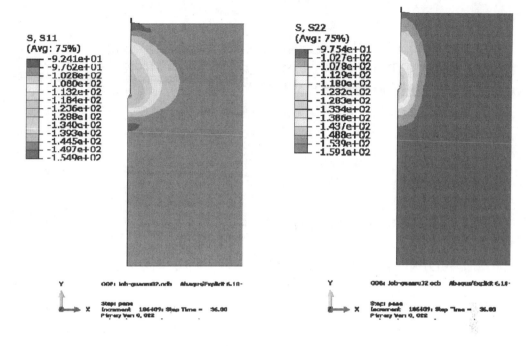

图 7-13　锥头贯入 10D 时的 S11 等值云图　　　图 7-14　锥头贯入 10D 时的 S22 等值云图

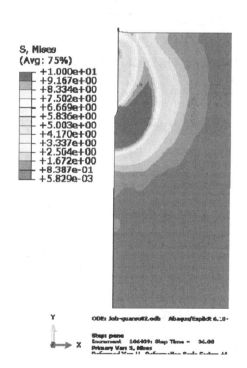

图 7-15　锥头贯入 10D 时的 S12 等值线云图　　　图 7-16　锥头贯入 10D 时的米塞斯应力云图

1. 径向应力 σ_r

由图 7-13 可以看出，σ_r 以压应力为主，在贯入点以上，锥头周围为高压区，反映在探头贯入时土体向周围的挤密作用，在该区内应力从锥孔向四周逐渐降低，在探头锥底附近存在一个应力集中的圆形环带，径向应力的最大值也出现在锥底部位，说明探头贯入对土体的水平向挤压在锥底位置最为明显。在同一深度上，从探头中心向四周，随半径增加径向力减小，且降低的速度很快，反映在贯入过程中探头对周围土体扰动的影响范围有限。

2. 轴向应力 σ_y

由图 7-14 可以看出，σ_y 以压应力为主，在锥尖附近形成应力集中区，σ_y 最大值位于锥底部位，说明了探头受到来自下方的阻力较大。同时沿探孔为空心柱的较低压应力区，说明侧壁摩擦阻力远小于锥尖阻力，这与实测结果是一致的。与 σ_r 相比，σ_y 从中间向四周衰减更迅速，说明贯入对土体竖向应力的影响范围更小。另外，σ_y 从探头锥尖向下方衰减也较迅速，说明探头对土体以劈裂为主，对下方土体的压缩很轻微。

3. 竖直面上的剪应力 τ

由图 7-15 和图 7-16 可以看出，在探头半径的范围内为明显的应力集中圆形环带，在探头锥尖的斜上方也同样出现了一个剪应力，但数值上小于斜下方的圆形环带，且方向相反。这说明在贯入过程中，探头锥尖附近的土体新发生的径向位移最大，而锥尖尾部上方土体的径向位移在此前已经发生，探头锥尖下方的土体因尚未贯入该深度基本上没有明显的径向位移，因而探头锥尖附近土体与上、下方的土体都形成了相对的剪切错动，且与下方土体的剪切错动更大，所以探头锥尖上下部都出现了剪应力集中带，而下方的剪应力集中更强烈。

7.5.2　贯入产生的土体位移

探头贯入过程中土体产生位移，如图 7-17 所示。

由图 7-17 可以看出，贯入过程中土体的最大位移为 17.8 mm，位于土体的表面，此时锥头部分已完全贯入土中，这个是很容易解释的，因为锥头的半径就是 18 mm，所以在锥头的挤压下，位移最大为 18 mm。

从图 7-17 中还可以看出，贯入过程中对土体影响范围较大，这和贯入深度是有关的，因为贯入过程中对探头周围土体的影响是持续不断的。

通过选取探头周围 1.5 m×0.75 m 土体模型作探头贯入 10 D（D 为探头直径）之后的位移等值线云图，如图 7-18～图 7-20 所示。

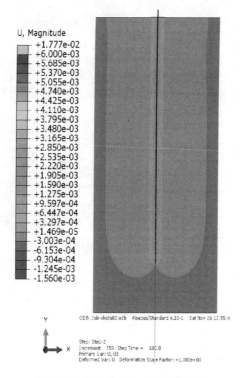

图 7-17 贯入至 10 m 时位移云图

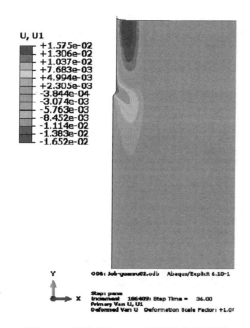

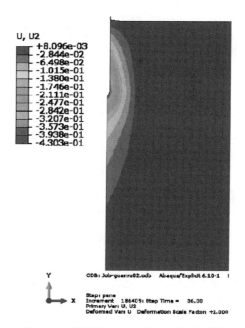

图 7-18 锥头贯入 10D 后横向位移云图　　图 7-19 锥头贯入 10D 后竖向位移云图

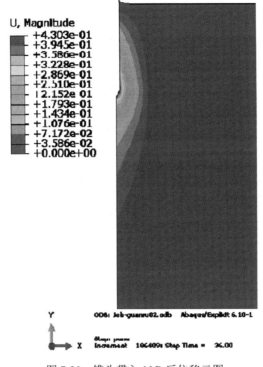

图 7-20　锥头贯入 10D 后位移云图

1. 径向位移 μ_r

由图 7-18 可以看出，贯入导致的土体径向位移 μ_r 为压缩位移，沿径向方向向外。探孔壁上位移最大，向四周快速减小，至 10D 处基本减小为零。锥尖正下方位移较小，而斜下方一定范围内位移较大。

2. 轴向位移 μ_y

由图 7-19 可以看出，轴向位移 μ_y 的影响范围较大，原则上地表以下模型的绝大部分区域都受到影响，但地表附近，影响很小，往下稍微增大，在探头附近范围最大。

7.5.3　贯入产生的土体塑性应变

探头贯入过程中的塑性区云图如图 7-21 所示。

由图 7-21 可以看出，探头在贯入过程中，土体发生塑性变形的区域都不明显，只是集中在不超过 3 倍探头直径的很小一部分区域内，这说明了静力触探过程中对周围土体的扰动较小，并且在整个贯入过程中塑性变形最大的部位不是在锥头，而是发生在刚开始贯入的部位。

探头贯入 10D 之后的塑性等值线云图如图 7-22 所示。

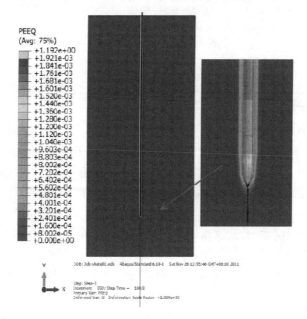

图 7-21　贯入至 10 m 的塑性区云图

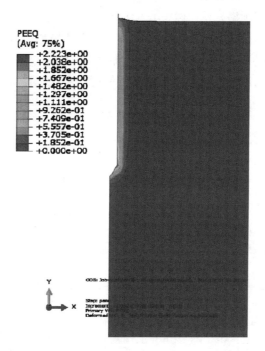

图 7-22　锥头贯入 10D 后等效塑性应变等值线云图

由图 7-22 可以看出，贯入所产生的土体塑性变形主要集中在探孔和锥尖周围，范围很小，基本上局限在距探孔中心线往四周不超过 5 倍探头半径的区域。在轴向上这一塑性范围上下一致，基本上呈一空心圆柱。

7.6　模拟分析结论

通过上述静力触探贯入有限元模型的建立,以及对砂性土贯入的有限元计算结果的分析,我们可以得出如下结论。

(1)径向应力 σ_r 以压应力为主,在静力触探锥尖以上,土体为高压应力区,反应为在探头贯入时土体向周围的挤密作用,该区域内 σ_r 从探孔向四周逐渐降低。探头贯入对于土体的水平向挤压在锥尖位置最为显著。在同一深度处,从探头中心向四周,距离椎体越远,径向应力越小,在贯入过程中探头对周围土体的扰动影响范围有限。

(2)轴向应力 σ_y 以压应力为主,在贯入中探头受到来自锥头下方的阻力较大。侧壁摩擦阻力要比锥尖阻力小得多,这与实测结果吻合。轴向应力影响的范围比径向更小。

(3)贯入导致的土体径向位移 μ_r 为压缩位移,沿径向向外。位移最大的位置靠近探杆并向四周快速减小,至 10 倍探杆半径时基本减小为零。在锥尖正下方 μ_r 较小,在锥尖的斜上方的一定范围内 μ_r 较大。

(4)轴向位移 μ_z 的影响范围较大,原则上地表以下模型的绝大部分区域都受到影响,但位移仅局限在探杆的周围,呈现水滴型。地表附近很小范围内,土体有向上的位移即土体有隆起,之后向下位移逐渐增大,在探头附近达到最大。μ_r 的最大值位于探杆和锥尖周围。

(5)利用位移贯入法的有限元算法表明,用该种算法模拟计算静力触探的贯入是可行性的。位移贯入法不但能求出贯入总阻力,即压桩力,还能确定触探时的应力场和位移场,并结合 ABAQUS 的强大动画功能,可以在某种程度上实现沉桩过程的动画仿真。

参 考 文 献

[1] HUANG W, SHENG D, SLOAN S W, et al. Finite element analysis of cone penetration in cohesionless soil[J].Computers and geotechnics, 2004, 31: 517-528.

[2] ENDRA S. Finite Element simulation of the cone penetration test in Uniform and Stratified Sand[D]. Michigan: The University of Michigan, 2005.

[3] WEI L. Numerical simulation and field verification of inclined piezocone penetration test in cohesive soils[D]. Baton Rouge: Louisiana State University, 2004.

[4] LU Q, RANDOLPH M F, HU Y, et al. A numerical study of cone penetration in clay [J]. Geotechnique, 2004, 54(4): 257-267.

[5] WALKER J, YU H S. Adaptive finite element analysis of cone penetration in clay[J]. Acta geotechnical, 2006, 1: 43-58.

[6] VAN DEN BREG P. Analysis of cone penetration [D]. Delft: Delft University, 1994.

[7] Hibbit, Karlsson, Sorensen Inc. ABAQUS Analysis User'S Manual[M]. Pawtucket Rhode Island, 2003.

[8] 庄苗, 由小川, 廖剑晖等. 基于 ABAQUS 的有限元分析和应用[M]. 北京: 清华大学出版社, 2009.

[9] 邓洪亮, 张红艺. 大直径扩底桩极限承载力可靠性研究[J]. 岩土工程界, 2000, 14(3): 33-35.

[10] 朱以文, 蔡元奇, 徐晗. ABAQUS 与岩土工程分析[M]. 香港: 中国图书出版社, 2005: 28-42.

[11] CHEN W F. Constitutive Equations For Engineering Materials[M]. New York: John Wilkey&Sons, 1982.

第8章 CPTU数据融合与地层划分

曲线融合的实质就是在信号检测和估计理论的基础上建立多条测量曲线数据融合的数学模型。采用CPTU进行土体分层时单采用一条测量曲线存在着局限性和多解性，如果将多条测量曲线融合成一条无量纲曲线，突出多条测量曲线的公共信息，将能更好地反映地层的真实性。

8.1 CPTU曲线的滑动滤波处理

影响CPTU测量曲线响应的因素有多种，除地层本身的物理和化学性质以外，还有其他非地层因素。而某些曲线的"毛刺干扰"显然不是地层因素引起的，应当消除掉；在土体物性相对稳定的层段内，一条或多条曲线出现抖动或跳跃，也应当消除。因此，在曲线融合之前应对测量数据进行预处理，过滤掉这些毛刺干扰、抖动和跳跃所带来的影响。

8.1.1 滑动滤波原理

静力触探区域的地层环境是渐变的，地层中的压力、摩擦力、电阻率、声速、放射性等测量值具有一定的持续性。通常，地层中某一位置的测量值往往与邻近位置的测量值在数值上具有相关性。因此，采用平滑滤波方式对CPTU测量曲线进行去噪处理在理论上是行得通的[1-2]。

滑动平滑滤波原理：

对CPTU曲线进行等距采样，得到一组采样值$Z_1, Z_2, \cdots, Z_n$。取任意一点Z_i，相邻采样点为Z_{i-1}和Z_{i+1}，并设采样值从Z_{i-1}到Z_{i+1}之间为二次函数关系，则可用一条拟合二次曲线S_t来表示：

$$S_t = a_0 + a_1 t + a_2 t^2 \tag{8-1}$$

为更接近实际情况，在此采用相邻五点作平滑计算，如图8-1所示。

当$t=0$时，$S_0 = a_0$。由于Z_t为二次函数，则S_0为采样点Z_i的测量值，所对应的滑动平均值$\bar{Z}_i = a_0$。其对应的残差平方和Q为

$$Q = \sum_{t=-2}^{+2} \left(Z_{i+t} - a_0 - a_1 t - a_2 t^2 \right) \tag{8-2}$$

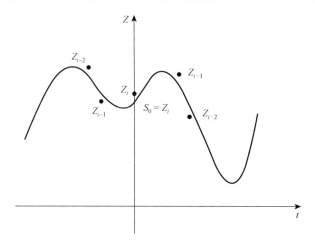

图 8-1 五点二次曲线拟合平滑法

当 $Q \to Q_{\min}$ 时，取 $\dfrac{\partial Q}{\partial a_0} = 0$，$\dfrac{\partial Q}{\partial a_1} = 0$，$\dfrac{\partial Q}{\partial a_2} = 0$，即可求出参数 a_0、a_1 与 a_2。

展开以上三式，得 Z_i 的滑动平均值：

$$\overline{Z}_i = a_0 = \frac{1}{35}\left[-3\left(Z_{i-2} + Z_{i+2}\right) + 12\left(Z_{i-1} + Z_{i+1}\right) + 17 Z_i\right] \tag{8-3}$$

由图 8-1 可知，采样点 $i \in [2,\ n-1]$。通过式（8-3）即可求出 $2 \sim (n-1)$ 所有采样点的滑动平均值，将所有这些点相连，即可得到一个新的 CPTU 曲线采样数据序列——一条光滑的拟合曲线。

8.1.2 滑动滤波算法的改进

在二次函数平滑公式中，所有相邻采样点测量值的权值都是一样的。但是，这种等权值的分析方法在某些情况下是不太合理的。实际在计算 $\overline{Z}_i$ 时，为了突出测量点 Z_i 的信息，常常赋予 Z_i 一个较大的权值，突出它的权重；而相邻采样点分配一个较小的权值。

假设采样点 Z_i 有 $(2m+1)$ 个相邻采样点，给其分配不同的加权系数 $w(r)$，则当前采样点的滑动平均值为

$$\overline{Z}_i = \sum_{r=-m}^{m} w(r) \cdot Z_{i+r} \tag{8-4}$$

加权系数 $w(r)$ 在数字滤波中又称滤波因子。通常根据测量曲线的变化情况及平滑滤波的要求进行选取，一般要求 $\sum\limits_{r=-m}^{m} w(r) = 1$。为了突出当前采样点的信息，其权值可取较大的值，并满足 $w(r) = w(-r)$。则式（8-4）可表示为

$$w(r) = \frac{W(r)}{\sum\limits_{r=-m}^{m} W(r)} \tag{8-5}$$

式中：$W(r)$ 为加权函数，又称为滤波函数。

根据 CPTU 测量曲线的波峰常常具有对称性的特点，且形状符合正态分布，则可选用高斯函数 $W(r)$ 来计算 $w(r)$，得出相应的平滑公式：

$$W(r) = \mathrm{e}^{-a\left(\frac{r}{m}\right)^2}, \quad |r| \leqslant m \tag{8-6}$$

参数 $a > 0$，取 $a = 1$。当取五点来计算 $\overline{Z}_i$ 时，$m = 1$，可求出二次函数改进的平滑公式为

$$\overline{Z}_i = 0.11(Z_{i-2} + Z_{i+2}) + 0.24(Z_{i-1} + Z_{i+1}) + 0.3Z_i \tag{8-7}$$

8.1.3　滑动滤波应用实例

下面以武汉市地铁 5 号线秦园路段 TK-209 号探孔的 CPTU 曲线为例，对其进行平滑滤波处理，并对其结果进行分析。TK-209 号探孔的 CPTU 曲线如图 8-2 所示。

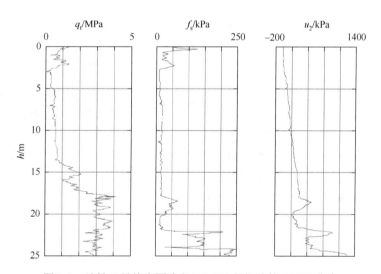

图 8-2　地铁 5 号线秦园路段 TK-209 号探孔的 CPTU 曲线

这里只对 q_t 曲线进行平滑滤波处理，其他两条曲线的处理与之相同，不再赘述。图 8-3 为 q_t 曲线平滑滤波效果图。

由图 8-3（a）可以看出，该 q_t 曲线在 15～25 m 孔段上的毛刺干扰较严重，在进行数据处理之前先作滤波处理，去掉毛刺和一些奇异点。图 8-3（b）与图 8-3（c）分别为用二次函数公式和改进二次函数公式处理该曲线的结果。下面对这两种方法的平滑滤波效果作一简要分析。

通过图 8-3 中的 q_t 曲线与地层作对比分析可知，原始 q_t 曲线上的毛刺干扰的周期通常在 1～5 个采样周期 L 范围内。通过统计，该曲线上明显的毛刺干扰点共 35 个；其中干扰周期 ≤3L 的点约占 30%；而干扰周期 >3L 的点约占 70%。在平滑滤波中，采样点数越多平滑效果越好，短周期的毛刺干扰越受抑制，曲线越光滑。

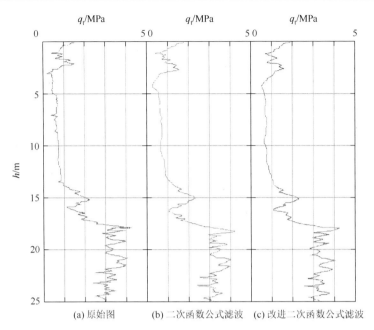

图 8-3 q_t 曲线五点二次函数平滑滤波效果图

由图 8-3 可以看出，改进二次函数公式（高斯函数）抑制干扰的能力最强，它基本上把原曲线上的毛刺干扰滤掉了，反映地层性质的有用信号更加突出了，处理后的曲线更加光滑；但在曲线上反映地层有微小变化（厚度≤0.5 m）的个别地方，改进二次函数公式也将其当作干扰给平滑掉了。二次函数公式其平滑滤波程度不如改进二次函数公式，但它往往能反映 q_t 曲线上的个别微小的变化。

通过上述实验与分析可知，从抑制或消除毛刺干扰方面来看，二次函数公式和改进二次函数公式的滤波效果均较好。当目的层较厚（＞0.5 m）时，采用改进二次函数公式的平滑效果较好，此时可把曲线上的毛刺干扰基本上消除掉，得到只反映地层性质的光滑曲线。当目的层为薄层（≤0.5 m）时，则用二次函数公式较好，处理后的曲线更接近采样点的真实分布，但可能会有某些周期稍长的干扰未滤波干净。

因此，当采用平滑滤波法来抑制或消除触探曲线上的毛刺干扰时，最好按目的层的厚度与这些曲线上毛刺干扰的周期来选择适当的平滑滤波法，这样可有效地抑制或消除曲线上的毛刺干扰，又能很好地保留反映地层性质的有用信号，从而提高触探曲线处理的效果。

8.2 CPTU 曲线的最优分割

最优分割法是基于有序聚类分析的一种分割方法，有序聚类分析是多元统计分析中针对有序样品的一种统计分类方法，有序聚类分析中最主要的是 Fisher 提出的 Fisher 算法。最优分割法最早是由 HAWKINS 和 MERRIAM 提出来的[3]，用于对单条曲线分层，随后发展用于处理离散的多种曲线的方法[4]。

8.2.1　最优分割法的基本原理

最优分割法的基本原理：首先将待分类的 n 个样品看成 1 类，然后根据离差平方和类内最小、类间最大准则划分为 2 类、3 类……，一直到所需的 k 类为止。对于任何一个给定的有序数列的总的离差平方和是一个确定的值，因此，使段内离差平方和最小的分割法就是最优分割法[5-6]。

设在探孔的某个深度上 CPTU 有 n 个测量数据，则有 m 个深度点的测量数据形成的数据矩阵为

$$\boldsymbol{X} = \left[x_{ij} \right]_{m \times n} = \begin{bmatrix} x_{11} & x_{12} & \cdots & x_{1n} \\ x_{21} & x_{22} & \cdots & x_{2n} \\ \vdots & \vdots & & \vdots \\ x_{m1} & x_{m2} & \cdots & x_{mn} \end{bmatrix} \tag{8-8}$$

式中，元素 x_{ij} 表示第 i 个深度点的第 j 个测量参数值。

这些测量参数值的层内变差矩阵为

$$\boldsymbol{D} = \left[d_{ij} \right]_{m \times n} \tag{8-9}$$

段内变差为

$$d_{ij} = \sum_{\alpha - i}^{j} \sum_{\beta = 1}^{m} \left[x_{\alpha\beta} - \bar{x}_{\beta}(i, j) \right]^2 , \qquad 1 \leqslant i \leqslant j \leqslant n \tag{8-10}$$

式中：

$$\bar{x}_{\beta}(i, j) = \frac{1}{j - i + 1} \sum_{\alpha = i}^{j} x_{\alpha\beta} , \qquad \beta = 1, 2, \cdots, m \tag{8-11}$$

对 n 个有序采样点进行 k 分层的层内离差平方和 S 为

$$S_N \left(k; \alpha_1, \alpha_2, \cdots, \alpha_{k-2}, j \right) = S_j \left(k-1; \alpha_1, \alpha_2, \cdots, \alpha_{k-2}, \right) + d_{j+1, N} \tag{8-12}$$

设 $j = \alpha_{k-1}$ 时，$S_N \left(k; \alpha_1, \alpha_2, \cdots, \alpha_{k-2}, j \right)$ 最小，即

$$S_N \left(k; \alpha_1, \alpha_2, \cdots, \alpha_{k-2} \right) = \min_{k-1 \leqslant j \leqslant N-1} S_N \left(k; \alpha_1, \alpha_2, \cdots, \alpha_{k-2}, j \right) \tag{8-13}$$

则 $\alpha_1, \alpha_2, \cdots, \alpha_{k-2}, \alpha_{k-1}$ 构成 k 分层的最佳 $k-1$ 个分层点。

对于分割层数 k，可以预先给定一个小的正整数

$$\delta = \frac{S_N(k) - S_N(k-1)}{S_N(k-1)} \times 100\% \tag{8-14}$$

式中：$S_N(k-1)$ 与 $S_N(k)$ 分别是最优 k 分割的总变差。

如层内离差平方和 S 满足：

$$S_N \left(k; \alpha_1, \alpha_2, \cdots, \alpha_{k-2}, \alpha_{k-1} \right) < \delta \tag{8-15}$$

则此时求出的 k 值就是最后分割的层数。

8.2.2 最优分割自动分层的实例评价

下面以武汉市青山区奥山世纪城项目工地 ZK-057 号 CPTU 试验探孔数据为例,对其触探曲线运用最优分割法进行地层划分,并对其结果进行评价。ZK-057 号探孔的 CPTU 曲线如图 8-4 所示。

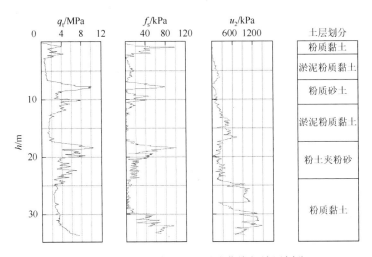

图 8-4 奥山世纪城 CPTU 测试曲线与地层划分

该项目地段位于长江江边,属于河漫滩沉积相地层,地层变化较为剧烈,黏土层与粉土、粉质黏土、粉砂土互层,按钻孔资料提出的地层剖面划分非常粗糙,同一层内往往也有很大的变化,按常规的层内等厚分层的方法,毫无疑问会造成沉降计算等产生很大的误差。

为此,这里采用 CPTU 测量曲线的最优分割法对该地层进行划分。对 q_t 曲线采用最优分割法进行地层自动分层的结果如图 8-5 所示。

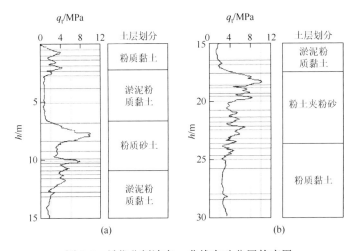

图 8-5 最优分割法在 q_t 曲线自动分层的应用

由图 8-5 可以看出,对 q_t 曲线利用最优分割法对地基土进行分层,能够很好地根据锥尖阻力 q_t 的变化来对地基土进行划分,其很好地反映了地基土的变形指标随深度的变化,利用 CPTU 测量数据的连续性的优点,避免了传统分层方法的人为性及粗糙性,提高了分层的精度。

从图 8-5 自动分层的应用效果可以看出,最优分割法在地层划分上存在一定的瑕疵,很容易分层过细,在不存在地层差别的层内出现分层。究其产生的原因在于最优分割法对误差参数反应比较敏感。因此在应用最优分割法进行自动分层时通常应设置一个恰当的 δ 值,这里选取的 $\delta \leqslant 5\%$。δ 值常需根据 CPTU 测量数据与钻探结果进行比较修正。

8.3 CPTU 测量数据的归一化

每种测量数据表示了被测地层的力学参数,并由相关意义的单位度量。在对 CPTU 测量数据融合之前需对其归一化处理[7-8]。归一化方法一般分为均方根归一化和极值归一化两种。

8.3.1 均方根归一化

矩阵 $\boldsymbol{Y}$ 经数据校正,平滑滤波后得矩阵 $\boldsymbol{Y}'$,矩阵 $\boldsymbol{Y}'$ 通过公式

$$x_{ij} = y_{ij}' / \bar{x}_j$$

变换得到一个归一化的矩阵 $\boldsymbol{X}$。式中,$\bar{x}_j = \left(\sum_{i=1}^{K} y_{ij}'^2 / K \right)^{1/2}$ 为第 j 条测量曲线的均方根;y_{ij}' 为第 j 条曲线在第 i 点的测量值($i = 1, \cdots, k, \cdots, K$)($j = 1, \cdots, l, \cdots, L$)。归一化后为一无量纲数据,结果为一小于 1 且在 1 附近的相对数。

8.3.2 极限值归一化

矩阵 $\boldsymbol{Y}$ 经数据校正,且平滑滤波后的矩阵 $\boldsymbol{Y}'$,矩阵 $\boldsymbol{Y}'$ 通过公式

$$x_{ij} = \left(y_{ij}' - \min y_{ij}' \right) / \left(\max y_{ij}' - \min y_{ij}' \right)$$

变换得到一个归一化的矩阵 $\boldsymbol{X}$。式中,$\max y_{ij}'$ 和 $\min y_{ij}'$ 为第 j 条曲线在第 i 点的最大和最小测量值($i = 1, \cdots, k, \cdots, K$)($j = 1, \cdots, l, \cdots, L$)。归一化后为一无量纲数据,结果位于 [0, 1],其最大值为 1,最小值为 0。

8.4 CPTU 测量数据的融合

CPTU 测量曲线反映了测量地层的地质性质,又包含了探孔的结构参数,如孔径、倾斜角等,同时还夹杂某些噪声信号。CPTU 测量数据融合的目的就是要减弱和消除这些干

扰因素，保留和增强测量地层的有用信息[9-10]。

设测量曲线的集合 $Y=[Y_1,Y_2,\cdots,Y_i,\cdots,Y_S]$，其中，$S$ 为测量曲线数；M 为采样点数。经过预处理和归一化处理后得矩阵

$$X=\begin{bmatrix} y_{11} & \cdots & y_{1i} & \cdots & y_{1S} \\ \vdots & & \vdots & & \vdots \\ y_{k1} & \cdots & y_{ki} & \cdots & y_{kS} \\ \vdots & & \vdots & & \vdots \\ y_{M1} & \cdots & y_{Mi} & \cdots & y_{MS} \end{bmatrix} \qquad (8-16)$$

对 X 进行融合处理的基本原理是设计一个滤波器，保留有用信号滤出干扰信号。有用信号的强度用输出信号能量 E_N 表示，干扰信号的强度用噪声信号能量 E_S 表示[11-12]。

8.4.1 测量曲线的滤波因子

滤波器的输出信号能量 E_N 和噪声信号能量 E_S 的表达式分别为

$$E_N=g^T Qg, \quad E_S=g^T Pg \qquad (8-17)$$

$$\delta=E_N/E_S=g^T Qg/g^T Pg \qquad (8-18)$$

式中：Q 为有用信号序列，且 $Q=X\times X^T$；P 为随机干扰信号序列；$g^T=[g_1,g_2,\cdots,g_S]$ 为能量输出滤波器的滤波因子。

由式（8-18）可知，要求满足信噪能量比为最大，即要求出 δ 为最大时对应的加权因子 g。变换式（8-18）可得

$$g^T Qg-\delta g^T Pg=0 \qquad (8-19)$$

根据 δ 取极值的条件，对 δ 关于 g 求导，令

$$\partial\delta/\partial g=0 \qquad (8-20)$$

可得特征方程：

$$(Q-\delta P)g=0 \qquad (8-21)$$

式中：特征向量 g 与自相关有用信号序列 Q 的最大特征值 δ_{max} 相对应，为每条测量曲线最大能量输出滤波器的最优滤波因子的集合。

8.4.2 实对称矩阵的特征值与特征向量

求实对称矩阵特征值与特征向量通常采用量雅可比（Yacobi）矩阵法。

设 Q 为 m 阶对称矩阵；r_{ij} 为其非对角线元素中绝对值最大的元素；$Q[i,j,\theta]$ 为平面旋转变换矩阵。

对 A 作正交相似变换：

$$A^T=Q^T\begin{bmatrix} i & j & \theta \end{bmatrix}AQ\begin{bmatrix} i & j & \theta \end{bmatrix} \qquad (8-22)$$

式中：

$$\boldsymbol{Q} = \begin{bmatrix} a_{11} & \cdots & a_{1j} \\ \vdots & & \vdots \\ a_{i1} & \cdots & a_{ij} \end{bmatrix}$$

$r_{ii} = \cos\theta$ ， $r_{jj} = \cos\theta$ ， $r_{ij} = -\sin\theta$ ， $r_{ji} = \sin\theta$ ， $r_{pq} = 0$ ， $i, j \neq p, q$ 。

则 θ 可由式（8-23）确定：

$$\tan\theta = \frac{2r_{ij}}{r_{ii} - r_{jj}} \tag{8-23}$$

经上述变换后， A 对角线上元素的平方和增加 $2r_{ij}^2$ ，非对角线上元素的平方和减少 $2r_{ij}^2$ ，而其他元素的平方和保持不变。对称矩阵 A 经过多次正交相似变换后，其对角线上的元素平方和将趋近于 0。

重复上述过程，对称矩阵 $\boldsymbol{R}$ 即变换为对角矩阵，其对角线上的元素 δ_0 ， δ_1 ， $\cdots$ ， δ_{m-1} 为矩阵的特征值，而 $\boldsymbol{Q}(i, j, \theta)$ 的乘积的每一列（ $j = 0, 1, 2, \cdots, m-1$ ）即为每个 δ 所对应的特征向量。

8.5 CPTU 曲线融合实例分析

8.5.1 实验过程概况

下面以武汉现代综合物流港项目施工场地多功能 CPTU 试验探孔为例,分析多功能触探曲线融合的步骤，及其在地层分层中的应用。

实验采用上海地学仪器研究所生产的多功能静力触探仪,CPTU 探头规格采用国际通用标准：锥角 60°，锥底截面积 10 cm²，侧壁摩擦筒表面积 150 cm²，孔隙压力过滤器元件厚度 5 mm 位于锥肩位置（ u_2 位置），探头的有效面积比 $a = 0.8$ 。为保证探头匀速贯入，系统贯入装置采用液压控制，贯入速率为 2 cm/s，沿深度每 5 cm 进行一次数据采样。

现场共钻 2 个探孔，测试深度分别为 10.0 m 和 15.0 m。钻探所取泥心样本如图 8-6 所示。场地地层物理力学性质指标见表 8-1。两个探孔测得的 CPTU 曲线如图 8-7 所示。

图 8-6　钻探所取泥心样本

表 8-1 施工场地地层主要物理力学性质分层统计表

深度/m	土体	v	$W/\%$	比重	$W_L/\%$	$I_p/\%$	E_s/MPa
0.0~1.0	杂填土	18.1~19.4	24.5~35.0	2.69~2.71	30.2~37.3	11.7~16.0	3.80~7.70
1.2~6.2	淤泥质黏土	18.4~18.5	36.7~39.5	2.71~2.74	30.5~38.2	11.7~18.5	3.2~3.7
6.2~10.4	粉质黏土	18.0~19.8	23.4~38.8	2.72~2.76	16.1~51.8	12.5~23.6	4.98~13.5
10.4~16.0	粉砂	19.0~20.8	20.6~32.9	2.80~2.82	28.5~35.8	10.5~15.0	3.96~12.35

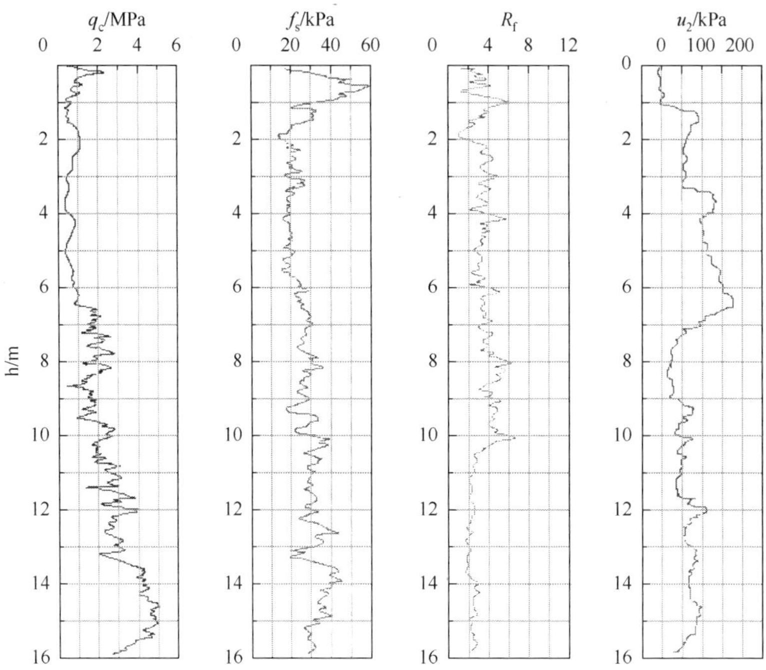

图 8-7 现代综合物流港场地 CPTU 试验曲线

8.5.2 CPTU 曲线融合

为研究对象，选取 q_c、f_s、u_2 和 R_f 4 个 CPTU 响应作为样本数据对其进行融合。

1. 确定自相关矩阵

对 4 条曲线进行预处理，均方根归一化后消除数据的量纲，得自相关矩阵为

$$A = \begin{bmatrix} 0.031 & 0.065 & 0.045 & 0.052 \\ 0.065 & 0.710 & 0.651 & 0.530 \\ 0.045 & 0.651 & 0.770 & 0.600 \\ 0.052 & 0.530 & 0.600 & 0.650 \end{bmatrix}$$

其中，A 中某元素 r_{pq} 即为测量曲线 p 与 CPTU 曲线 q 的相关度。

2. 确定对称矩阵的特征值

由 Yacobi 迭代法求得的上述实对称矩阵的特征值为

$$
\boldsymbol{\delta} =
\begin{bmatrix}
0.025 & -0.000 & 0.003 & -0.000 \\
-0.000 & 0.991 & 0.000 & 0.001 \\
0.003 & 0.000 & 0.522 & -0.000 \\
-0.000 & 0.001 & -0.000 & 0.233
\end{bmatrix}
$$

相应的对称向量为

$$
\boldsymbol{g} =
\begin{bmatrix}
1.110 & 0.075 & -0.082 & 0.093 \\
-0.113 & 0.851 & -0.681 & 0.831 \\
0.031 & 0.710 & 0.743 & -0.771 \\
0.028 & 0.691 & 0.567 & 0.655
\end{bmatrix}
$$

3. 确定 CPTU 曲线融合的滤波因子

取最大特征值 δ_{max} 所对应的特征向量 $\boldsymbol{g}$，即为 CPTU 曲线融合的最优滤波因子：

$$[0.075 \quad 0.851 \quad 0.710 \quad 0.691]$$

4. 对 CPTU 曲线进行融合

应用特征向量将以上四条 CPTU 曲线加权融合为一条无量纲曲线，使其更加突出多条 CPTU 曲线的公共信息，更好地反映地层的属性特征。即选取 q_c、f_s、u_2 和 R_f，以[0.075，0.851，0.710，0.691]为最优加权（滤波）因子进行 CPTU 测量数据融合。其结果如图 8-8 所示。

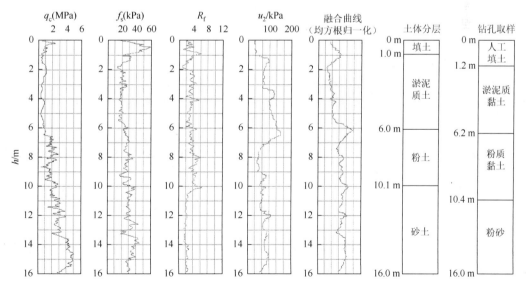

图 8-8　CPTU 曲线融合效果图

8.5.3　融合效果分析

将融合结果与钻孔取样的结果进行对比，如图 8-8 所示。可以看出两者在 4 个界面位置均较为吻合，误差较小，且融合曲线的"起伏"处对应了地层不同土体介质的细微变化，融合后的曲线较好地反映了地层的变化，因此可以将其作为划分地层的依据。

从上面数据融合的过程可以看出，不同的 CPTU 曲线具有不同的滤波因子，对 CPTU 曲线产生的融合效果也不同。

融合后的曲线使 CPTU 测量曲线的公共信息（如地层、土体等）更加突出，减小了单一曲线对地层信息解释的局限性，大大提高了 CPTU 测量数据在工程土体参数测量中的可信度。

CPTU 曲线数据融合前所进行的平滑滤波和最优分割预处理操作，有效地消除了噪声对测量数据的影响，提高了融合曲线对测量地层的辨识精度，是一种较好的 CPTU 测量数据预处理方法。

参 考 文 献

[1]　秦绪英，李福会. 一种平滑滤波法在测井资料预处理中的应用[J]. 测井专刊，1996（5）：74-77.

[2]　刘长伟，黄文君，高标. 中值滤波方法在油田测井中的应用[J]. 油气田地面工程，2010，29（4）：86-87.

[3]　HAWKINS D M，MERRIAM D F. Ptimal zonation of digitized sequential data[J]. Mathematical geology，1973，5（4）：389-396.

[4]　HAWKINS D M，MERRIAM D F. Onation of multivariate sequences of digitized geologic data[J]. Mathematical geology，l974，6（3）：263-269.

[5]　吴惠梅，李忠慧，朱亮，等. 有序样品聚类的最优分割法在地层特性评价中的应用[J]. 石油天然气学报，2008，30（2）：460-462.

[6]　王祝文，刘蓄华，任莉. 基于 K 均值动态聚类分析的地球物理测井岩性分类方法[J]. 东华理工大学学报，2009，32（2）：152-156.

[7]　闫莉萍，文成林，周东华. 基于多传感器多尺度测量预处理的信号去噪方法研究[C]//2002 年中国控制与决策学术年会论文集. 2002：244-247.

[8]　李勇华. 基于 SDRI-LWD 的随钻测井数据预处理技术研究[D]. 青岛：中国石油大学，2010.

[9]　赵巍，潘泉，戴冠中，等. 多尺度数据融合算法概述[J]. 系统工程与电子技术，2001，23（6）：66-69.

[10]　何友，王国宏，陆大黔，等. 多传感器信息融合及应用[M]. 北京：电子工业出版社，2000.

[11]　闫莉萍，汪斌，吕锋. 基于 Kalman 滤波的多尺度融合估计新算法[J]. 河南大学学报，2002，32（2）：36-39.

[12]　崔乃刚，林晓辉，郭会娟，等. 卡尔曼滤波方法在测井资料处理中的应用[J]. 哈尔滨工业大学学报，1995，27（6）：34-37.

第9章 天然气水合物储层测井响应特征

在常规油气层评价中测井是广泛使用的手段,目前水合物勘探主要还是沿用油气评价过程中所使用的测井方法及解释手段,并没有专门针对水合物勘探来研制一些特殊的方法。在水合物储层评价方面,所使用的模型也是借用了油气评价的原理,并在此基础上,根据水合物特殊的物理化学特性,发展了一些评价水合物储层的方法。

9.1 海域天然气水合物测井响应特征

地球物理测井作为一种重要的勘探方法,正越来越多地应用到了天然气水合物勘探中,并且取得了一定的效果。例如,深海钻探计划(deep sea drilling project,DSDP)和大洋钻探计划(ocean drillng project,ODP)先后在 10 余个航次中钻遇了天然气水合物储层,在这些钻探井中都进行了各种常规的测井作业,包括电测井、声测井和核测井。此外还测量了一些其他的测井项目,获得了大量的实际测井资料,并根据测井资料对天然气水合物储层进行了评价。根据资料分析表明,天然气水合物储层的测井响应存在着明显的异常特征。

9.1.1 密度测井响应特征

天然气水合物与冰的密度都不大于水,且天然气水合物层和冰冻层的密度都小于同类的水层。当天然气水合物笼中完全被甲烷填充时,其密度为 0.8 g/cm³,当有 80%的甲烷填充时,其密度为 0.9 g/cm³。深海钻探计划在危地马拉海域中美海沟的 570 钻孔发现了100%的块状天然气水合物带,利用钻孔取心和测井数据,得到了 1.04~1.069 g/cm³的视密度,经过氢修正的真密度为 0.92~0.93 g/cm³,这与 Daviason 计算得出的天然气水合物的理论值 0.91 g/cm³ 相符[1]。

在 DSDP84 航次 570 号钻孔中测井得到的平均密度约为 1.75 g/cm³。在区段 1958.5~1973.5 m,测井密度较钻孔测得的平均值 1.75 g/cm³ 减小了 0.1 g/cm³,直至区段 1966.15~1970.15 m,测井密度急剧下降至 1.04 g/cm³。测井密度的急剧减小,表明了天然气水合物或块状天然气水合物的存在[2],如图 9-1 所示。

9.1.2 声波测井响应特征

众所周知,声波在海水、天然气水合物和岩石中的传播速度不同,在天然气水合物存在时,其声波传递速度会显著增加。纯天然气水合物的纵波速度为 3.3~3.6 km/s,该声波速度非常接近纯甲烷水合物的声波速度（3.73 km/s），而水的纵波速度约为 1.6 km/s。可见，天然气水合物的纵波速度比水的纵波速度大得多。在 DSDP84 航次 570 号钻孔中，用声波测井测得的纵波速度达到 3.0 km/s，这与 Pandit 和 King 在 1982 年的实验得到的结果（3.25 km/s）相近。可见，天然气水合物的声波速度与海水（$V_P = 1.68$ km/s）、固结的致密砂岩（$V_P = 5.8$ km/s）存在明显的差异。与饱和水或游离气的层位相比，含天然气水合物层位的声波时差降低。

在 DSDP84 航次 570 号钻孔中测井得到的大部分岩层的声波速度为 1.5～2.0 km/s，在区段 1 958.5～1 973.5 m，声波速度增至 3.60 km/s，这充分地表明天然气水合物的存在，如图 9-1 所示。在这一层中，1 965.4～1 969.4 m 区段出现了一个声波速度达 3.60 km/s 的平台，反映了块状天然气水合物在该区间存在。而在区段 1 967.4～1 968.0 m 声波速度却降低了 0.3 km/s，其原因可能为该区段块状天然气水合物出现轻微融化或其中含有部分杂质。以上分析表明，一旦天然气水合物在地层中形成，声波速度将会达到一个特定的数值，而随着天然气水合物的进一步形成，其速度会有轻微或基本不变化，这在图 9-1 中表现得很明显，4 m 厚的块状天然气水合物层，其速度变化很小。

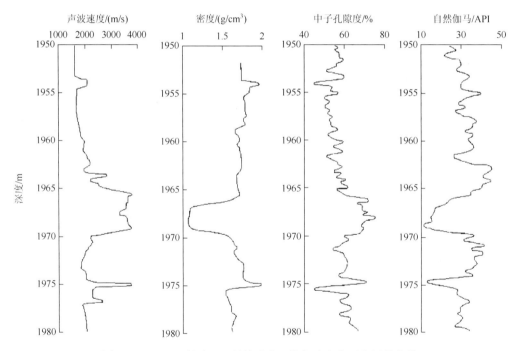

图 9-1　DSDP84 航次 570 号钻孔含天然气水合物层段测井曲线

同样，阿拉斯加 Prudhoe Bay 油田的 NW Eileen State-2 号钻孔的声波速度测井结果也很好地证实了天然气水合物储集层的存在，如图 9-2 所示。该钻孔的平均声波速度为 2.0～2.3 km/s。在区段 662～675 m 声波速度增至最高值 4.1 km/s，随后产生了一个 3.7 km/s 的声波速度平台，并且对应着高密度和低的中子孔隙度，有力地证实了该层段天然气水合物的存在[3]。

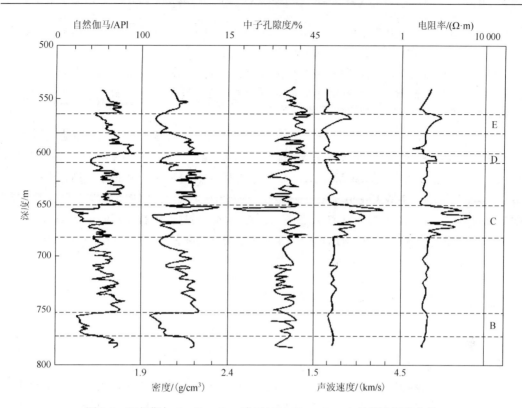

图 9-2　阿拉斯加 Prudhoe Bay 油田 NW Eileen State-2 号钻孔测井曲线

9.1.3　电阻率测井响应特征

天然气水合物与冰类似，它们都是绝缘体。因此，当地层中含有天然气水合物时，电阻率会明显增加。通过实验室测得含天然气水合物的砂岩岩样的电阻率高达 $10^3 \sim 10^5$ Ω·m，但由于受天然气水合物含量、岩性及天然气水合物与岩石的胶结程度或者地层水矿化度等因素的影响，天然气水合物储层的电阻率测井值往往较实验室测量值低。

由于固态天然气水合物具有很高的电阻率，天然气水合物的存在必然导致储层电阻率测井曲线读数增大，一般高于不含天然气水合物的围岩读数。如在阿拉斯加 Prudhoe Bay 油田的 NW Eileen State-2 号钻孔中，该井钻孔区间的平均中感应电阻率为 25 Ω·m，深感应电阻率为 20 Ω·m。在层段 662～674.5 m 中感应电阻率及深感应电阻率均超过 2 500 Ω·m，两者增幅较围岩电阻率平均值均达 100 倍，高电阻率异常带与声波速度增大、密度减小、中子孔隙度增加异常相吻合，对应着天然气水合物层，证实了天然气水合物储层的存在，如图 9-2 所示。

9.1.4　中子孔隙度测井响应特征

由于中子测井直接测量的是氢原子密度，故天然气水合物中子测井响应取决于单位体积的氢原子数（7.11×10^{22} 个/cm³），如果把水（6.69×10^{22} 个/cm³）作为 1，则变为 1.063。所以，天然气水合物充填孔隙度为 100%的地层时的中子孔隙度为 1.063%。在天然气水合物层中，想正确推测地层孔隙度需要对这部分进行修正。含天然气水合物层中子孔隙度略微增加，这与含游离气层中子孔隙度明显降低恰好相反。孔隙度的增加是由于来自甲烷的碳和氢的增加，同时伴随着密度的减小。

DSDP84 航次 570 号钻孔测井获得的平均中子孔隙度为 50%～60%（灰岩孔隙度单位），而在区段 1966～1970 m 出现异常带，其平均孔隙度从 55%增加到区间最大值 70%，对应着天然气水合物层，如图 9-1 所示。但这个特征在 NW Eileen State-2 号钻孔中并没有出现，可能是因为在 NW Eileen State-2 号钻孔中的天然气水合物储层是由天然气水合物与砂岩混合而成，即砂岩孔隙几乎被天然气水合物充填。另外，在 NW Eileen State-2 号钻孔中采用的是井壁热中子测井，而 DSDP 84 航次 570 号钻孔采用的是补偿热中子测井，这可能就是这两种不同反映的原因。

9.1.5　伽马测井响应特征

自然伽马测井测量的是岩石中具有放射性元素释放的自然伽马射线。由天然气水合物的化学组分可知，其主要成分为水和甲烷，两者均不具有放射性元素，所以，理论上，天然气水合物的伽马射线强度应为零，即天然气水合物的伽马测井响应值为零。另外，天然气水合物储层主要形成于因大地构造运动而引起体积增加的断层、裂缝带的孔隙空间中，因此，在天然气水合物形成过程中，不存在放射性元素的沉淀，且天然气水合物储层一般为砂岩地层，故在自然伽马测井曲线上，天然气水合物储层的测井响应一般为低值。

在 DSDP84 航次 570 号钻孔测井中，自然伽马测井响应值平均为 30API。在纯天然气水合物产出区间 1966～1970 m，自然伽马射线测井响应值表现极低，仅为自然伽马测井响应均值的一半 10～15API，如图 9-1 所示。以上特征在 NW Eileen State-2 号钻孔 662～674.5 m 区段得以体现，如图 9-2 中，自然伽马测井响应值仅为 25API，这与天然气水合物储层相对应。

9.1.6　井径测井响应特征

天然气水合物是在一定温度和压力条件下形成的，当储层的压力或温度等条件发生变化时，天然气水合物的物理状态随之发生变化。故当井径测井时，在钻井过程中钻遇到含天然气水合物储层时，造成天然气水合物储层的储集条件发生突变，天然气水合物便会自动分解，进而破坏了岩层的稳定性，致使钻孔井壁地层剥落或塌陷，使井眼扩径，与非天然气水合物储层井径对比产生异常，便可有效地指示天然气水合物储层。

天然气水合物储层的井径测井曲线一般表现为读数增大，出现井眼扩径现象。在阿拉斯加 North Slope NW Eileen State-2 号钻孔测井中井径在 664～667 m，较上下临层井径显著增大，这与块状天然气水合物带相对应，如图 9-3 所示。

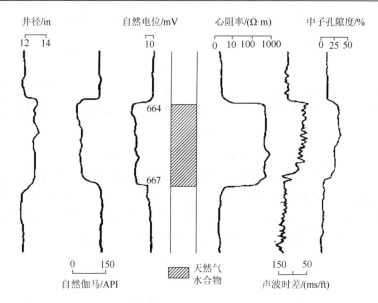

图 9-3　阿拉斯加 North Slope NW Eileen State-2 钻孔测井曲线

9.2　祁连山冻土区天然气水合物测井响应特征

为加快我国天然气水合物的勘探开发工作，2008～2010 年，中国地质调查局组织中国地质科学院矿产资源研究所、中国地质科学院勘探技术研究所和青海煤炭地质 105 勘探队等单位实施了"祁连山冻土区天然气水合物科学钻探工程"研究项目[4]，并成功钻获了天然气水合物实物样品，从而证实了我国冻土区存在天然气水合物。这是我国冻土区首次发现天然气水合物，也是世界中低纬度高山冻土区首次发现天然气水合物[5]。

9.2.1　祁连山冻土区地层概况

"祁连山冻土区天然气水合物科学钻探工程"在大地构造位置上位于加里东期所形成的中祁连陆块西段，构造区划上处于南祁连盆地的木里拗陷西端，地理位置上位于木里煤田的聚乎更矿区。

聚乎更矿区揭露的地层自下而上依次为上三叠统、中侏罗统、上侏罗统和第四系。上三叠统是矿区地层的基底，与上覆侏罗系呈平行不整合接触，出露的岩性主要为陆相碎屑岩和海相石灰岩薄夹层。中侏罗统包括江仓组和木里组，其中木里组可分为上下层段，下段岩性以中-粗粒碎屑岩为主，偶夹薄层碳质泥岩或薄煤层；上段是主力含煤层段，包括下 $_1$ 和下 $_2$ 煤两层主煤层，地层岩性主要为粉砂岩、细粒砂岩、细-中粒砂岩和粗粒砂岩。江仓组也可分为上下岩性层段，其中下段含煤 2～6 层，地层岩性包括细粒砂岩、中粒砂岩及粉砂岩等；上段地层岩性以纸片状油页岩为主，夹粉砂岩和透镜状菱铁矿层。上侏罗统的岩性以砾岩为主，夹厚层粗砂岩。第四系在矿区内广泛出露，主要包括腐殖土、砂、砾石、泥沙、冰层、漂砾等。

9.2.2　祁连山冻土区天然气水合物的蕴藏特点

2008～2010 年，"祁连山冻土区天然气水合物科学钻探工程" 共在木里煤田聚乎更矿区完成 DK-1、DK-2、DK-3、DK-4、DK-5 和 DK-6 孔六个天然气水合物钻探试验孔的钻探施工任务，总进尺 2859.84 m，并相继获取天然气水合物样品[6]。

2008 年 11 月 5 日在 DK-1 孔成功钻获天然气水合物实物样品，并于 2009 年在 DK-2 和 DK-3 孔相继获取天然气水合物样品。所获得的天然气水合物均产于冻土层下，埋藏深度为 133～396 m，层位属中侏罗统江仓组。

祁连山冻土区天然气水合物在储层中有两种赋存状态，一种是以薄层状、片状、团块状赋存于粉砂岩、泥岩和油页岩的裂隙面中，肉眼可观测到水合物呈乳白色晶体，仅数毫米厚；另一种是以浸染状赋存于粉砂岩和细粉砂岩的孔隙中，肉眼难辨水合物晶体，但红外热像仪呈现低温异常，水合物分解时含水合物岩心不断渗出水珠，并将其投入水中会冒出一连串气泡，水合物分解完后在岩心上残留蜂窝状构造等，这些现象证明水合物存在于岩石孔隙中。

与国外冻土区天然气水合物相比，祁连山冻土区天然气水合物具有埋深浅、冻土层薄、气体组分复杂、以热解气为主等明显特征，应是一种新类型水合物，具有重要的科学、经济和环境意义。

9.2.3　祁连山冻土区天然气水合物科研钻孔测井数据采集

本次祁连山冻土区天然气水合物野外测井数据采集工作由甘肃煤田地质局一四五队承担。在每口科研孔钻探完成后立即进行常规煤田测井，共完成六个天然气水合物钻探试验孔（DK-1、DK-2、DK-3、DK-4、DK-5 和 DK-6 号孔）的野外测井数据采集工作。在野外测井数据采集过程中严格执行《煤田地球物理测井规范》（DZ/T 0080-93），测量前对测量仪器进行标准刻度，并在测量设备工作状态良好的前提下，顺利开展野外测井工作。测井施工中使用的仪器设备为北京中地英捷物探仪器研究所生产的车载 PSJ-2 型数字测井仪系列产品。在每个科研孔的测井中分别使用 7 种测井仪器：三侧向电阻率测井仪、声波速度测井仪、长源距密度测井仪、自然伽马仪、井温仪和井隆仪。输出的主要参数包括：电阻率、纵波时差、长源距密度、自然伽马、井温、井隆、顶角和方位角等。

在祁连山冻土区天然气水合物测井作业中，按照设计在每口科研孔终孔后立即进行裸眼测井，每个井位完整测井共包括两个回次：第一个回次，测量三侧向电阻率、自然伽马、长源距密度和井径；第二个回次测量声波时差、井温和井斜。其中 DK-3 钻孔井温测量共进行了四次，时间间隔分别为终孔后 0 小时、12 小时、24 小时和 48 小时，用来研究本区冻土厚度及地温梯度，其余钻孔只在 0 小时进行测温。实际钻探施工过程中由于部分钻孔地层破碎造成井壁坍塌而进行套管加固。为了保障在井眼安全的条件下获得尽可能多的测井数据，测井分阶段实施，即套管加固前对所钻探深度进行测井和终孔后对剩余深度进行测井，以保证测井在裸眼井中进行。本次测井施工过程中，每种测井方法的数据采集间隔均为 5 cm，六口科研孔的累计测井深度为 2691.78 m，获得了大量有效的测井数据。

　　下面结合实际岩心编录资料，对已获得天然气水合物样品的 DK-1 孔和 DK-3 孔天然气水合物储层的测井数据进行描述和分析，以此总结出祁连山冻土区天然气水合物测井响应特征[7]。

9.2.4　DK-1 钻孔的天然气水合物测井响应特征

　　通过钻探现场岩心观测，在 DK-1 孔中发现四层水合物层，分别为：在 133.5～135.5 m 的细砂岩孔隙和裂隙中发现水合物，肉眼可见白色晶体；在 142.9～147.7 m 的泥质粉砂岩孔隙和裂隙中存在水合物，肉眼可见；在 165.3～165.5 m 的泥质粉砂岩裂隙中见水合物晶体；在 169.0～170.5 m 的粉砂岩中见水合物存在的异常现象。

　　DK-1 钻孔中，含水合物的 133.5～135.5 m 细砂岩层和 142.9～147.7 m 的粉砂岩层测井响应特征明显（图 9-4 阴影部分）。电阻率测井值在两个含水合物层段介于 56.31～378.41 Ω·m。如图 9-5 所示，含水合物地层的电阻率测井值与相邻地层的电阻率测井值相比呈现出高电阻率异常。含水合物地层的声波时差分别为 195.96～251.91 μs/m，其对应的声波速度为 5.10～3.97 km/s，与相邻地层声波时差测井值相比，含水合物地层呈现出低声波时差异常。同时，含水合物层的高电阻率测井值和低声波时差测井值组合异常符合国外冻土区水合物测井响应特征。含水合物第一层段的密度测井曲线从上到下逐渐降低，由上

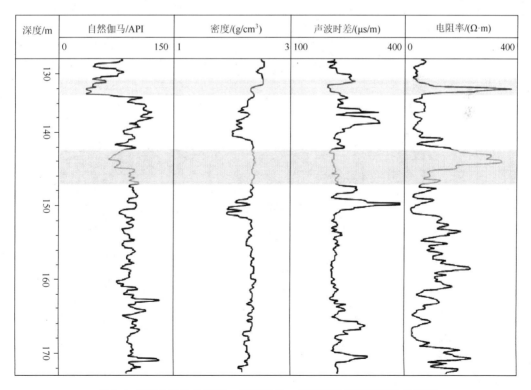

图 9-4　DK-1 钻孔电阻率、声波时差、密度和自然伽马测井曲线图

部的 2.55 g/cm，降低到下部的 2.37 g/cm³；第二层段密度测井曲线变化不大，基本介于
2.31～2.38 g/cm³。从整条曲线来看，两个层段的密度较低。含水合物层段自然伽马幅值
分别为 34.6～107.7API，在曲线上呈箱状降低的变化趋势。

9.2.5　DK-3 钻孔的天然气水合物测井响应特征

在 DK-3 钻孔中发现了三层含水合物层，分别为：在 133.0～156.0 m 的粉砂质泥岩和
油页岩孔隙和裂隙中发现水合物；在 225.1～240.0 m 的油页岩和泥岩裂隙中见水合物晶
体；在 367.7～396.0 m 中见水合物存在的异常现象。

DK-3 钻孔中，137.4～143.3 m 和 152.0～155.5 m 两个赋存于泥岩中的水合物层测井
响应特征较为明显（图 9-5 阴影部分）。在两个含水合物层段的电阻率测井值介于 39.33～
86.16Ω·m，其电阻率测井值与相邻地层测井值相比有明显的高电阻异常。两个含水合物层
段的声波时差介于 320.66～549.14μs/m，与相邻地层纵波时差测井值相比为低值，其对应
的纵波速度为 3.12～1.82 km/s。两个含水合物层段的密度测井值低于不含水合物泥岩层段
密度测井值。含水合物层段密度测井值为 2.26～2.35 g/cm³。两个含水合物层段自然伽马
值介于 60.08～92.01API，从整条自然伽马测井曲线上来看，其值偏低。

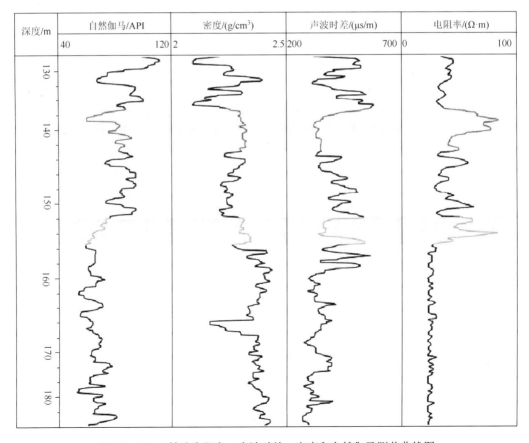

图 9-5　DK-3 钻孔电阻率、声波时差、密度和自然伽马测井曲线图

9.2.6　祁连山冻土区天然气水合物测井响应特征

通过对 DK-1 和 DK-3 钻孔水合物层段测井数据的统计描述,得出祁连山冻土区天然气水合物层段测井值有明显的高电阻率和低声波时差的组合特征,并且其密度和自然伽马测井值较低。这一特点与国外冻土区水合物层段的测井响应特征一致,但具体值有一定的差异。从表 9-1 可以看出,祁连山冻土区 DK-1 钻孔水合物层电阻率和声波速度均比国外其他地区的水合物层电阻率和声波速度高,主要跟 DK-1 钻孔中水合物赋存于已固结成岩的细砂岩和粉砂岩的孔隙和裂隙中以及与水合物饱和度有关;DK-3 钻孔中水合物层段的电阻率和声波速度与国外冻土区的相应测井值较为接近。

表 9-1　世界陆域冻土区天然气水合物测井数据

地点	电阻率测井值/(Ω·m)	纵波速度测井值/(km/s)	水合物储层岩性
阿拉斯加 Mount Elbert 钻孔(美国)马更些三角洲(加拿大)	50～100	3.4～4.0	砂岩
Mallik5L-38 钻孔(加拿大)	10～120	2.5～3.6	未固结砂岩
祁连山冻土区 DK-1 钻孔(中国)	56.8～378.4	3.9～5.1	砂岩
祁连山冻土区 DK-3 钻孔(中国)	39.43～86.12	1.9～3.1	泥岩

9.3　天然气水合物测井响应的典型特征

根据深海钻探计划和大洋钻探计划先后在 10 余个航次中对天然气水合物储层的各种常规测井作业获得的大量实际测井资料,以及国内冻土地区天然气水合物勘探物理测井积累的相关资料,总结出海洋及冻土地区天然气水合物储层物理测井响应通常具有如下典型特征。

(1)具有高电阻率。天然气水合物常常以气态和可燃冰的形式存在,其电阻率约为水的电阻率 50 倍左右。

(2)具有高声波波速。由于天然气水合物的气体结构,其测井声波波速要远远大于相邻地层或岩层。

(3)具有低伽马值。由于天然气水合物的气+水(冰)结构,其储层自然伽马射线测井的伽马值要比相邻地层有所降低。

(4)自然电位变化不大。由于储层中孔隙被水合物充满,电场的扩散和穿透作强度降低,造成储层自然电场波动不大。

(5)具有较高的中子孔隙度。当天然气水合物以可燃冰的形态赋存时,储层孔隙被充满时孔隙度降低，使中子孔隙度测井产生较高的中子孔隙度。

（6）有明显的气体溢出。在钻探过程中，由于储层结构的破坏和减压作用，可燃气沿井壁泄漏。

（7）井径明显增大。在钻井过程中，由于储层压力的释放，天然气水合物分解引起储层段井壁的崩塌使井径扩大。

综上所述，天然气水合物储层可由以下地球物理测井响应参数来确定：低视密度、高视电阻率、高声波速度、高中子孔隙度和低自然伽马值等。表 9-2、表 9-3 分别为 DSDP84 航次 570 号钻孔和美国阿拉斯加 North Slope NW Eileen State-2 号钻孔的天然气水合物储层测井响应特征值[8-9]。表 9-4 为我国祁连山冻土区 DK-1、DK-3 钻孔天然气水合物储层的测井响应数据。

表 9-2　DSDP84 航次 570 号钻孔天然气水合物储层测井响应值

测井参数	天然气水合物	骨架参数	孔隙流体
声波时差/(km/s)	1.5～2.0	2.05	1.5
密度/(g/cm³)	1.75	2.65	1.05
深侧向电阻率/(Ω·m)	2～3	—	0.25～0.30
浅侧向电阻率/(Ω·m)	1～2	—	0.25～0.30
中子孔隙度/%	50～60	—	—

表 9-3　NW Eileen State-2 号钻孔然气水合物储层测井响应值

测井参数	天然气水合物	骨架参数	孔隙流体
声波时差/(km/s)	2.0～2.3	5.5	1.6
密度/(g/cm³)	2.0～2.2	2.65	1.0
深侧向电阻率/(Ω·m)	20	—	—
浅侧向电阻率/(Ω·m)	25	—	—
中子孔隙度/%	35～40	—	—

表 9-4　祁连山冻土区 DK-1、DK-3 钻孔天然气水合物测井响应值

钻孔	水合物赋存层段/m	储层岩性	储层电阻率/(Ω·m)	围岩电阻率/(Ω·m)
DK-1	133.50～135.50	细砂岩	113.97～378.41	50.99～98.10
	142.90～147.70	粉砂岩	287.85～349.92	37.7～168.32
DK-3	137.40～143.30	泥岩	52.95～83.36	25.12～28.13
	152.00～155.50			

9.4　天然气水合物储层测井评价

目前尚未形成针对天然气水合物的系统评价方法，天然气水合物储层评价所使用的模

型仍是基于油气评价的原理。由测井响应特征分析可知,自然伽马、井径、密度、中子、声波和电阻率测井在天然气水合物层段均有明显反应,这就为地球物理测井评价天然气水合物提供了基础。其中电阻率与声波测井组合被认为是识别天然气水合物最有效的方法。

9.4.1　孔隙度评价

在水合物储层模型中,水合物是孔隙中替代部分孔隙水的充填物,由于水合物的密度和中子测井响应与水相差很小,因此,可以利用密度测井和中子测井结果计算孔隙度。

1. 密度测井

含水合物储层的密度测井的响应方程可以表示为

$$\rho_b = \rho_w \varphi (1 - S_h) + \rho_h \varphi S_h + \rho_{sh} V_{sh} + \rho_{ma} (1 - \varphi - V_{sh}) \tag{9-1}$$

式中:ρ_b 为密度测井读数;ρ_w 为孔隙水密度;ρ_h 为水合物密度;ρ_{sh} 为泥质密度;ρ_{ma} 为岩石骨架密度;S_h 为水合物饱和度;φ 为水合物储层的孔隙度。

式(9-1)写成孔隙度的表达式时,则为

$$\varphi = \frac{\rho_{ma} - \rho_b}{\rho_{ma} - \rho_w (1 - S_h) - \rho_h S_h} - \frac{\rho_{ma} - \rho_{sh}}{\rho_{ma} - \rho_w (1 - S_h) - \rho_h S_h} V_{sh} \tag{9-2}$$

由于 $\rho_w \approx \rho_h$,则式(9-2)可进一步简化为

$$\varphi = \frac{\rho_{ma} - \rho_b}{\rho_{ma} - \rho_w} - \frac{\rho_{ma} - \rho_{sh}}{\rho_{ma} - \rho_w} V_{sh} = \varphi_D - \varphi_{Dsh} V_{sh} \tag{9-3}$$

2. 中子孔隙度测井

中子孔隙度测井主要测量岩石孔隙空间中的含氢量,含氢量决定于孔隙中水、碳氢化合物(包括水合物)的含量,常用氢指数(HI)来评价。氢指数是指一种物质单位体积(cm^3)所含氢原子数与 24℃纯水所含氢原子数(6.686×10^{22} 个/cm^3)的比值,所以纯水的 HI 为1.0。

含水合物储层的中子测井响应方程可以表示为

$$\varphi_N = \varphi \varphi_{Nw} (1 - S_h) + \varphi \varphi_{Nh} S_h + \varphi_{Nsh} V_{sh} + (1 - \varphi - V_{sh}) \varphi_{Nma} \tag{9-4}$$

式中:φ_N 为中子测井读数;φ_{Nw}、φ_{Nh}、φ_{Nsh} 和 φ_{Nma} 分别为孔隙水、水合物、泥质和岩石骨架的中子响应。由于 $\varphi_{Nw} \approx \varphi_{Nh}$、$\varphi_{Nw} = 1$ 和 $\varphi_{Nma} \approx 0$,式(9-4)可简化为

$$\varphi = \varphi_N - \varphi_{Nsh} V_{sh} \tag{9-5}$$

9.4.2　饱和度评价

估算天然气水合物饱和度的方法很多,如 Archie 公式、Indonesia 公式、W-S 模型、

双水模型等，最常用的是 Archie 公式。由于水合物在沉积物中的分布状态目前还缺少直接资料，另外由于水合物的不稳定性，无法获得实验室岩样的测试结果。但是，在理论上采用电阻率法是可行的。

1. 电阻率测井

由于水合物不导电，并且密度比水小，可以近似将水合物看作油，因此水合物储层理论上可以利用 Archie 公式进行评价[10]。

（1）Archie 公式：

$$R_t = \frac{abR_w}{\varphi^m S_w^n} \tag{9-6}$$

式中：R_t 为地层的电阻率（$\Omega \cdot m$）；R_w 为地层水电阻率（$\Omega \cdot m$）；φ 为地层岩石孔隙度（%）；S_w 为含水饱和度（%）；a 为弯曲系数；m 为胶结指数；n 为饱和度指数。

利用电阻率来评价水合物饱和度的方法称为"快速查看"测井分析技术[11]。采用修正的 Archie 公式。

$$S_w = \left[\frac{R_0}{R_d}\right]^{1/n} \tag{9-7}$$

式中：S_w 为储层含水饱和度（%）；R_0 为饱和水地层的电阻率（$\Omega \cdot m$）；R_d 为深探测电阻率（$\Omega \cdot m$）；n 为饱和度指数。

对于含泥质的油水层，因为水合物不导电，并且密度与油基本相等，理论上对含水合物储层也可以依据式（9-8）进行评价。

（2）Indonesia 公式：

$$\frac{1}{\sqrt{R_t}} = \left[\frac{V_{sh}^{1-V_{sh}/2}}{\sqrt{R_{sh}}} - \frac{\varphi^{m/2}}{\sqrt{aR_w}}\right] S_w^{n/2} \tag{9-8}$$

式中：V_{sh} 为泥质含量；R_{sh} 为泥质电阻率。

2. 声波测井

用于评价水合物含量的声波测井响应是三组分时间平均方程[12]，可以用于直接计算储层中天然气水合物的体积，公式为

$$\frac{1}{\upsilon_p} = \frac{\varphi(1-S_h)}{\upsilon_w} + \frac{\varphi S_h}{\upsilon_h} + \frac{1-\varphi}{\upsilon_{ma}} \tag{9-9}$$

式中：φ 为孔隙度；υ_p 为声波测井速度值；υ_w 为地层水的压缩波速度值；υ_{ma} 为岩石骨架的压缩波速度值。

一些学者发现，有些沉积岩声波速度与式（9-9）的计算结果不符，因此，提出了 Wood 方程修正公式。与三组分时间平均方程类似，对于含天然气水合物的储层，修正的 Wood 方程为

$$\frac{1}{\rho_\mathrm{p} \upsilon_\mathrm{p}^2} = \frac{\varphi(1-S_\mathrm{h})}{\rho_\mathrm{w} \upsilon_\mathrm{w}^2} + \frac{\varphi S_\mathrm{h}}{\rho_\mathrm{h} \upsilon_\mathrm{h}^2} + \frac{1-\varphi}{\rho_\mathrm{ma} \upsilon_\mathrm{ma}^2} \tag{9-10}$$

式中：ρ_p 为体积密度；ρ_w 为水的密度；ρ_h 为天然气水合物的密度；ρ_ma 为储层骨架密度。

3. 电磁波测井

2005 年加拿大 Mallik 5L-38 井首先应用电磁波测井来评价水合物储层，2011 年阿拉斯加 Mount Elbert 井应用该法进行了水合物储层评价[13]。2011 年 Sun 和 Goldberg 根据 Mallik 5L-38 和 Mount Elbert 井的测井总结出了一种用于电磁波测井的评价方法[14]。他们认为电磁波测井与密度测井和伽马射线测井联合使用，可以得出高精度的饱和度和孔隙度：

$$\begin{cases} \rho_\mathrm{b} = \rho_\mathrm{ma}(1-\varphi) + \rho_\mathrm{h}\varphi S_\mathrm{h} + \rho_\mathrm{w}\varphi(1-V_\mathrm{sh})S_\mathrm{wc} + \rho_\mathrm{c}\varphi V_\mathrm{sh}S_\mathrm{wc} \\ \sqrt{\varepsilon_\mathrm{r}} = (1-\varphi)\sqrt{\varepsilon_\mathrm{ma}} + \varphi S_\mathrm{h}\sqrt{\varepsilon_\mathrm{h}} + \varphi S_\mathrm{wc}(1-V_\mathrm{sh})\sqrt{\varepsilon_\mathrm{w}} + \varphi S_\mathrm{wc}V_\mathrm{sh}\sqrt{\varepsilon_\mathrm{c}} \\ 1 = S_\mathrm{h} + S_\mathrm{wc} \end{cases} \tag{9-11}$$

式中：ρ_c 为黏土密度；ε_ma、ε_h、ε_w 和 ε_c 分别为基质、水合物、水和黏土的介电常数；S_wc 为水和黏土混合物的饱和度；V_sh 为泥质含量，常通过伽马射线测井估算；ε_r 为水合物地层有效介电常数。

对于各向同性的均质地层其计算方法为

$$\varepsilon_\mathrm{r} = c^2 \left(t_\mathrm{pl}^2 - \frac{\psi^2}{Af^2} \right) \tag{9-12}$$

式中：t_pl 为实际测井传播时间转换成等效平面电磁波的传播时间；ψ 为电磁波振幅衰减量；c 为光在真空中的速度；f 为正弦电磁波频率。

Mount Elbert 井的电磁波测井结果表明，除了油基泥浆成像测井，电磁波测井或许是唯一可识别出水合物储层中存在多个薄层的测井技术。当水合物层较薄或者饱和度较高时，电磁波测井可以得出与核磁共振测井一样准确的水合物饱和度评价结果。

4. 其他测井方法

近年来，核磁共振测井在水合物地层测井中得到了很好的应用和发展。同中子孔隙度测井相似，核磁共振测井工具主要对地层岩石中的氢分子做出响应。由于水合物中水分子的核磁共振横向磁化弛豫时间为 0.01 ms，仪器无法监测到，因此当前的核磁共振测井工具不能直接用于探测识别水合物储层。同时，还可使用自然伽马射线测井区别砂层和页岩层及识别地层岩性变化。至于岩性密度测井和中子孔隙度测井主要用于评价水合物储层的孔隙度，通常不用于水合物地层识别。此外，井径、自然电位等测井方法也被用于水合物层的辅助识别。

参 考 文 献

[1] 王祝文，李舟波. 天然气水合物评价的测井响应特征[J]. 物探与化探，2003，27（1）：14-15.

[2] 梁劲，王明君，陆敬安，等. 南海神狐海域含水合物地层测井响应特征[J]. 现代地质，2010，（3）：506-514.

[3] 何彬匡，邓晖，王大魁. 海域天然气水合物测井响应的研究进展[J]. 科技信息，2013（4）：3-4.

[4] 卢振权，祝有海，张永勤，等. 青海省祁连山冻土区天然气水合物基本地质特征[J]. 矿床地质，2010，29（1）：182-190.

[5] 祝有海，张永勤，文怀军，等. 青海祁连山冻土区发现天然气水合物[J]. 地质学报，2009，83（11）：1762-1771.

[6] 卢振权，祝有海，张永勤，等. 青海省祁连山冻土区天然气水合物存在的主要证据[J]. 现代地质，2010，24（2）：329-336.

[7] 祝有海，张永勤，文怀军，等. 祁连山冻土区天然气水合物及其基本特征[J].地球学报，2010，1（31）：7-15.

[8] MATHEWS M. Logging characteristics of methane hydrate[J]. The log analyst，1986，27（3）：26-63.

[9] COLLETT T S. Natural gas hydrates of the Prudhoe Bay and Kuparuk River area. North Slope[J]. Alaska，AAPG bulletin，1993，77（5）：793-812.

[10] ARCHIE G E. The electrical resistivity log as an aid in determining some reservoir characteristics[J]. AI ME. 1942，146：54-62.

[11] COLLETT T S. Welllog evaluation of gas hydrate saturations[J]. SPWLA 39th Annual Logging Symposium，1998.

[12] TIMOTH S，COLLETT T S，LEWISR UCHIDA T. 气体水合物：机遇与挑战（斯伦贝谢新技术）[J]. 油田新技术，2000，（2）：42-57.

[13] SUN Y，GOLDBERG D，COLLETT T，et a1.High-resolution well-log derived dielectric properties of gas-hydrate-bearing sediments，Mount Elbert Gas Hydrate Stratigraphic Test Well，A1aska North slope[J]. Marine and petroleum geology，2011，28（2）：450-459.

[14] SUN Y F，GOLDBERG D. Analysis of electromagnetic propagation tool response in gas-hydrate-bearing formations[R]. Ottawa：Geological Survey of Canada，2005.

第10章 测井曲线的多尺度分析与检测

测井获得的数据具有多尺度的特点，其中包含了地层、油藏、储层、岩心、岩石的孔隙、岩石的裂缝等相关信息，这些对象的空间尺度分布范围，小到几微米，大到数千米，地层对声、电和核物理响应参数构成了地层的多维空间。将多尺度分析理论引入测井数据处理中，可降低数据处理的计算复杂度，使问题变得简单，同时又能很好地再现测井现象和过程。

10.1 测井曲线的多尺度分析

测井曲线多尺度分析方法主要基于以下三个基本点。

（1）测井所研究的现象或过程必须具有多尺度特征或多尺度效应。

（2）测井信号是在不同尺度（分辨率）上得到的。

（3）通过多尺度分析可以获得更多的有用信息，降低研究问题的不确定性及复杂程度。

测井曲线多尺度分析的基本思想：将待处理的信号在不同的尺度上进行分解，分解到粗尺度上的信号称为平滑信号；在细尺度上存在，而在粗尺度上消失的信号称为细节信号；小波变换是连接不同尺度信号的桥梁。

测井信号 $f(x)$ 的离散采样序列 $f(n)$ $(n=1,2,\cdots,N)$，若以 $f(n)$ 表示信号在尺度 $j=0$ 时的近似值，记为 $a_0(n)=f(n)$，则 $f(x)$ 的多尺度分解算法可表示为

$$\begin{cases} a_{j+1}(n) = \sum_{n \in Z} h(k-2n)a_j(k) \\ d_{j+1}(n) = \sum_{n \in Z} g(k-2n)d_j(k) \end{cases} \tag{10-1}$$

$$a_j(k) = \sum_n h(k-2n)a_{j+1}(n) + \sum_n g(k-2n)d_{j+1}(n) \tag{10-2}$$

式中：a_{j+1} 是 a_j 的低频逼近；d_{j+1} 是 d_j 的高频细节；$h(n)$ 和 $g(n)$ 为小波低通和高通滤波器系数；j 为多尺度分解的层数，当 j 取一系列整数时便实现了对测井信号的多尺度分析。

应用多尺度分析方法对测井信号进行多尺度分解时，小波基函数的选取是十分重要的。具有对称性、支撑宽度小、正则化好和消失矩大的正交小波基应为首选。但完全满足上述特性的小波基是不存在的，应该具体问题具体分析。在多尺度分析中，Daubechies 小波、Coiflet 小波、Symlet 小波、Demy 小波普遍得到人们的认可[1]。

单条测井曲线其多尺度分析方法建立的步骤如下。

（1）选择合适的小波基函数对测井曲线进行多尺度分解。不同的小波基具有不同的时频特性，用不同的小波基分析同一测井曲线会有不同的结果，在应用时应择优选取。

（2）确定小波多尺度分解的最佳尺度。对分解后不同尺度上的低频和高频信号分析，选取某一分辨效果最佳的尺度下的信号，获得测井曲线的概貌信息。

（3）测井曲线多尺度重构。根据小波分解的低频系数和高频系数，对测井信号进行重构。

10.2　小波基的选取

10.2.1　几种常用的小波基

在小波变换中拥有多个小波基函数，所以可选择多个小波基进行变换，目前判定小波基优劣的依据仍建立在以小波分析处理后的信号结果与理论结果的误差的大小，且以此来选用小波基。下面对在多尺度分析中常用到几个小波基的特性进行说明。

1. Harr 小波

Harr 小波是一种最简单的小波基，是小波变换中最先使用的具备紧支撑的正交小波基，其小波函数形状图如图 10-1 所示。

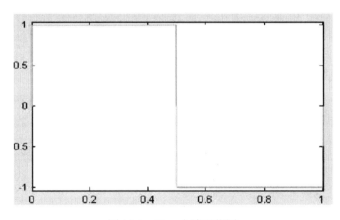

图 10-1　Harr 小波形状图

其解析式为

$$\psi(t)=\begin{cases}1, & 0\leqslant t\leqslant 1/2 \\ -1, & 1/2\leqslant t\leqslant 1 \\ 0, & \text{其他}\end{cases}\tag{10-3}$$

其尺度函数为

$$\phi(t) = \begin{cases} 1, & 0 \leqslant t \leqslant 1 \\ 0, & \text{其他} \end{cases} \tag{10-4}$$

Harr 小波的优点是计算简便，特别适用于脉冲信号。不足之处是在时间尺度上连续性不强，频率尺度上局部性不佳，应用有限，多用来辅助研究小波理论。

2. Daubechies（DbN）小波

该小波是由法国学者 Daubechies 建立的离散正交小波基，简称为 D-小波，即为 DbN（N 为其阶数，N=1 时就是 Harr 小波）。小波函数 $\psi(t)$ 和尺度函数 $\phi(t)$ 的支撑区为 $2N-1$，$\psi(t)$ 的消失矩为 N。D-小波不存在统一的表达式，不具备对称性和线性相位，光滑性较差。其小波的尺度函数和小波函数如图 10-2 所示。

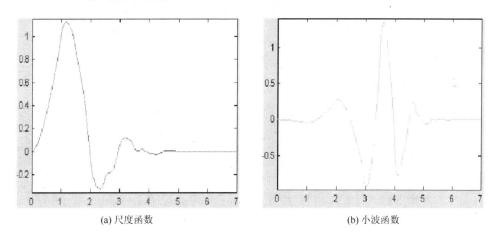

(a) 尺度函数　　　　　　　　　　　(b) 小波函数

图 10-2　D-小波形状图

设 $P(y) = \sum_{k=0}^{N-1} C_k^{N-1+k} y^k$，其中 C_k^{N-1+k} 为二项式系数，可得到

$$\left| m_0(\omega) \right|^2 = \left(\cos^2 \frac{\omega}{2} \right)^N P\left(\sin^2 \frac{\omega}{2} \right) \tag{10-5}$$

且 $m_0(\omega) = \dfrac{1}{\sqrt{2}} \sum_{k=0}^{2N-1} h_k e^{-jk\omega}$。

D-小波的特性：在时间尺度下的支撑区间范围有界，D-小波在频率尺度下 ω=0 的位置存在 N 阶零点；其小波函数可由选定的低通函数求出。D-小波能高效地改变信号频谱，因此被用于各个领域。

3. Symlet（SymN）小波

Symlet 小波函数是对 D-小波的改进，其小波基几乎对称，一般表示为 Sym$N$（$N = 2, 3, \cdots, 8$）。

N=7 时，所对应的 Symlet 小波的两个关键函数形态如图 10-3 所示。

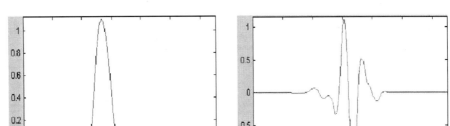
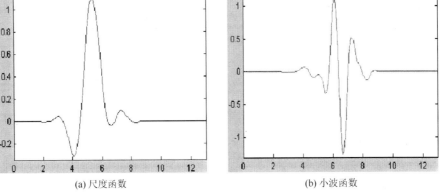

(a) 尺度函数　　　　　　　　　　　　(b) 小波函数

图 10-3　N=7 时 Symlet 小波的尺度函数与小波函数形状图

4. Coiflet（Coif N）小波

Coiflet 小波与 D-小波相比较，其对称性更明显，小波函数 $\psi(t)$ 的 $2N$ 阶矩为零，且尺度函数 $\phi(t)$ 的 $2N-1$ 阶矩也为零。其小波基及尺度函数所对应的支撑距离是 $6N-1$。

N=5 时，所对应的 Coiflet 小波的两个关键函数形态如图 10-4 所示。

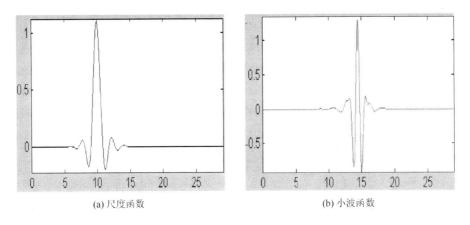

(a) 尺度函数　　　　　　　　　　　　(b) 小波函数

图 10-4　N=5 时 Coiflet 小波的尺度函数与小波函数形状图

5. Mexihat 小波

Mexihat 小波基表示为 $\psi(t) = (1 - t^2)e^{-\frac{t^2}{2}}$，是对 Gaussian 函数 $e^{-\frac{t^2}{2}}$ 进行二阶求导所得。此函数无穷可微，所以当遇到个别的干扰信号点时反应不灵敏，不过其特殊的时域特性可使信息夸张化，从而特别突出信号的特征点。它无尺度函数，常用来进行边际检测。其小波函数图如图 10-5 所示。

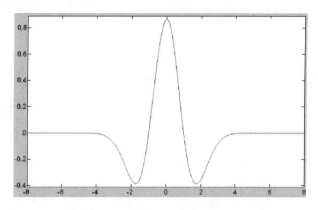

图 10-5　Mexihat 小波函数形状图

6. Meyer 小波

Meyer 小波的小波函数和尺度函数都在频域上进行定义，定义式为

$$\psi(\omega) = \begin{cases} (2\pi)^{-\frac{1}{2}} \mathrm{e}^{\frac{\mathrm{j}\omega}{2}} \sin\left[\dfrac{\pi}{2} v\left(\dfrac{3}{2\pi}|\omega|-1\right)\right], & \dfrac{2\pi}{3} \leqslant \omega \leqslant \dfrac{4\pi}{3} \\ (2\pi)^{-\frac{1}{2}} \mathrm{e}^{\frac{\mathrm{j}\omega}{2}} \cos\left[\dfrac{\pi}{2} v\left(\dfrac{3}{2\pi}|\omega|-1\right)\right], & \dfrac{4\pi}{3} \leqslant \omega \leqslant \dfrac{8\pi}{3} \\ 0, & |\omega| \notin \left[\dfrac{2\pi}{3}, \dfrac{8\pi}{3}\right] \end{cases} \quad (10\text{-}6)$$

其中，$v(b)$ 为构造 Meyer 小波的辅助函数，且有

$$v(b) = b^4(35 - 84b + 70b^2 - 20b^3), \qquad b \in [0,1]$$

$$\phi(\omega) = \begin{cases} (2\pi)^{-\frac{1}{2}}, & |\omega| \leqslant \dfrac{2\pi}{3} \\ (2\pi)^{-\frac{1}{2}} \cos\left[\dfrac{\pi}{2} v\left(\dfrac{3}{2\pi}|\omega|-1\right)\right], & \dfrac{2\pi}{3} \leqslant \omega \leqslant \dfrac{4\pi}{3} \\ 0, & |\omega| > \dfrac{4\pi}{3} \end{cases} \quad (10\text{-}7)$$

Meyer 小波非紧支撑，但其收敛速度很快：$|\psi(t)| \leqslant C_n\left(1+|t|^2\right)^{-N}$，$\psi(t)$ 无限可微，Meyer 小波的尺度函数和小波函数如图 10-6 所示。

10.2.2　小波基的选取的要求

因为小波函数与 Fourier 变换相比具有多样性，所以小波分析中的小波函数不具有唯一性。小波分析在应用过程中，采用不同的小波基分析同一问题会产生不同的结果，故最优小波基的选取是一个重要的问题。在测井曲线分析中究竟如何选择小波基，可从下面几个方面加以考虑。

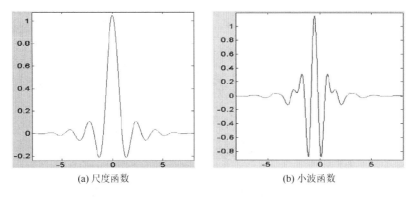

(a) 尺度函数　　　　　　　　　　　(b) 小波函数

图 10-6　Meyer 小波的尺度函数和小波函数形状图

正交性：严格规范正交性有利于小波分解系数的精确重构。但是在实际应用中能够准确重建的正交的、线性相位的，有限冲击响应的滤波器是不存在的。因此在小波基的选取中将正交性放宽到双正交。双正交也就是对不同尺度伸缩下的小波函数之间有正交性，而同尺度之间通过平移得到的小波函数系之间没有正交性，所以用于分解与重构的小波不是同一个函数，相应的滤波器也不能由同一个小波生成。

支撑长度：小波函数 $\psi(t)$、$\psi(\omega)$，尺度函数 $\phi(t)$、$\phi(\omega)$ 的支撑区间，是当时间或频率趋向于无穷大时，$\psi(t)$、$\psi(\omega)$、$\phi(t)$ 和 $\phi(\omega)$ 从一个有限值收敛到 0 的长度。支撑长度越长，一般需要耗费更多的计算时间，且产生更多高幅值的小波系数。大部分应用选择支撑长度为 5～9 的小波，因为支撑长度太长会产生边界问题，支撑长度太短消失矩太低，不利于信号能量的集中。

对称性：选择具有对称或者反对称的可以避免在多尺度分解重构中信号失真从而可以获取质量很好的重构信号。

消失矩：在实际中，对基本小波往往不仅要求满足容许条件，还要求在施加所谓的消失矩（vanishing moments）条件下，使尽量多的小波系数为零或者产生尽量少的非零小波系数，这样有利于数据压缩和消除噪声。消失矩越大，就使更多的小波系数为零。但在一般情况下，消失矩越高，支撑长度也越长。所以在支撑长度和消失矩上，必须折中处理。

正则性：在量化或者舍入小波系数时，为了减小重构误差对人眼的影响，我们必须尽量增大小波的光滑性或者连续可微性。换句话说，就是需要强加正则性（regularity）条件，正则性好的小波，能在信号或图像的重构中获得较好的平滑效果，减少量化或舍入误差的视觉影响。但在一般情况下，正则性好，支撑长度就长，计算时间也就越长。因此正则性和支撑长度，也要有所权衡。

消失矩和正则性之间有很大关系，对很多重要的小波（如样条小波、D-小波等）来说，随着消失矩的增加，小波的正则性变大。但是，并不能说随着小波消失矩的增加，小波的正则性一定增加，有的反而变小。

周期性：伸缩尺度 a 要与 Fourier 变换的周期具有一一对应的关系。小波函数要规则，存在周期性，这样尺度 a 与周期 T 之间的关系才有意义。

相关性：原始信号与重构信号的相关性能够量化小波基函数选取的最优化程度。当小波的消失矩参数和尺度参数改变时，相关系数也会相应地改变。

多尺度分析中常用小波函数的性质，见表 10-1。

表 10-1　多尺度分析中常用小波函数的性质

小波函数	Haar	Daubechies	Symlet	Coiflet	Mexihat	Meyer
正交性	有	有	有	有	无	有
双正交性	有	有	有	有	无	有
紧支撑性	有	有	有	有	无	无
连续小波变换	可以	可以	可以	可以	可以	可以
离散小波变换	可以	可以	可以	不可以	不可以	可以但无 FWT
支撑长度	1	$2N-1$	$2N-1$	$6N-1$	有限长度	有限长度
滤波器长度	2	$2N$	$2N$	$6N$	$[-5,5]$	$[-8,8]$
对称性	对称	近似对称	近似对称	近似对称	对称	对称
消失矩阶数	1	N	N	$2N$	—	—

　　小波基的选取是多尺度分析在具体应用中的关键[2-3]。小波基选取除应考虑一般性原则外，还要从具体应用方面加以考虑。如以原始信号和重构信号的相关性作为小波基的选取依据，当小波的消失矩参数和尺度参数改变时，相关系数也相应改变。故而，可选取最大相关系数所对应的消失矩参数和尺度参数组合为小波基最优系数组合。

10.3　基于小波变换的边缘检测

　　使用小波分析来识别测井曲线的奇异点，一般有两种方法：小波系数的过零点检测和模极大值检测，因为信号的突变点可能在小波的过零点位置或极值点位置上。模极大值法的优点是既可以识别出边际的位置，又可以体现边际是突变还是缓变的特征；不足是要选定合适的阈值，否则将出现边际不明显及位置不准确性增大的现象。而过零点识别一般无须选定阈值，在识别过程中是可以自我调整的，但易受噪声干扰[4]。

10.3.1　测井曲线奇异点与过零点及模极大值点的关联

　　假如低通滤波器的脉冲响应是一个光滑函数，作测井信号 $f(t)$ 与光滑函数的卷积，只降低了信号的高频部分，并没有改变其低频部分，所以卷积使信号 $f(t)$ 得到光滑。假设小波函数是某一个光滑函数的一阶导数，那么其经过小波变换后得到的模极大值点的坐标就为信号突变的位置[5]。

　　设小波函数是一个低通平滑函数 $\theta(t)$，并且满足下列条件：

$$\int_{-\infty}^{+\infty} \theta(t)\mathrm{d}t = 1 \ , \quad \lim_{|t|\to\infty} \theta(t) = 0 \tag{10-8}$$

$\theta(t)$ 是二阶可导的，且存在一阶和二阶导数：

$$\psi^{(1)}(t) = \frac{\mathrm{d}\theta(t)}{\mathrm{d}t} , \quad \psi^{(2)}(t) = \frac{\mathrm{d}^2\theta(t)}{\mathrm{d}t^2} \tag{10-9}$$

则函数 $\psi^{(1)}(t)$、$\psi^{(2)}(t)$ 具有小波变换如下性质：

$$\int_{-\infty}^{+\infty} \psi^{(1)}(t)\mathrm{d}t = 0 , \quad \int_{-\infty}^{+\infty} \psi^{(2)}(t)\mathrm{d}t = 0 \tag{10-10}$$

即它们的频率特性在 $\omega = 0$ 处必有零点，$\psi^{(1)}(t)$、$\psi^{(2)}(t)$ 都可以用作小波变换的基本小波。

对 $\theta(t)$ 引入尺度因子 s 有

$$\theta_s(t) = \frac{1}{s}\theta\frac{t}{s} , \quad s = 2^j , \quad -\infty \leqslant j \leqslant +\infty \tag{10-11}$$

并且有

$$\psi_s^{(1)}(t) = \frac{1}{s}\psi^{(1)}\left(\frac{t}{s}\right) , \quad \psi_s^{(2)}(t) = \frac{1}{s^2}\psi^{(2)}\left(\frac{t}{s}\right) \tag{10-12}$$

得到测井信号 $f(t)$ 关于 $\psi^{(1)}(t)$、$\psi^{(2)}(t)$ 在尺度 s 上的小波变换定义为

$$W_s^{(1)}f(t) = f(t)\psi_s^{(1)} = \frac{1}{s}\int_{-\infty}^{+\infty} f(\tau)\psi_s^{(1)}\left(\frac{t-\tau}{s}\right)\mathrm{d}t$$
$$= sf(t)\frac{\mathrm{d}\theta_s(t)}{\mathrm{d}t} = s\frac{\mathrm{d}}{\mathrm{d}t}\big[f(t)\theta_s(t)\big] \tag{10-13}$$

$$W_s^{(2)}f(t) = f(t)\psi_s^{(2)} = \frac{1}{s^2}\int_{-\infty}^{+\infty} f(\tau)\psi_s^{(2)}\left(\frac{t-\tau}{s}\right)\mathrm{d}t$$
$$= s^2 f(t)\frac{\mathrm{d}^2\theta_s(t)}{\mathrm{d}t^2} = s^2\frac{\mathrm{d}^2}{\mathrm{d}t^2}\big[f(t)\theta_s(t)\big] \tag{10-14}$$

小波变换 $W_s^{(1)}f(t)$ 与 $W_s^{(2)}f(t)$ 分别为信号 $f(t)$ 在尺度 s 下与 $\theta_s(t)$ 做卷积,得到平滑后,再对光滑后的函数 $f(t)$ 求其一阶导数和二阶导数,再分别乘以 s 和 s^2。如图 10-7 所示。

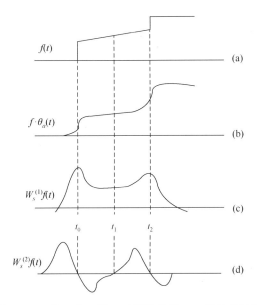

图 10-7 $\psi^{(1)}(t)$ 和 $\psi^{(2)}(t)$ 对原始信号 $f(t)$ 的处理结果

从图 10-7 可以看出，图（c）中 t_0、t_1、t_2 处的小范围极值位置与图（d）的零点位置及图（b）的拐点位置一致。小波基起一阶光滑作用时，小范围极值位置表示边界；小波基起二阶光滑作用时，零点位置代表边界[6-7]。

这样，就可以利用信号的小波系数模的极大值和零点对信号 $f(t)$ 进行边缘检测。因为采用不同尺度 s 检测信号不同的突变点，所以零点的边缘检测方法和模极大值的边缘检测方法是有一定差别的。

10.3.2　测井曲线奇异点的小波变换模极大值判别

信号的奇异性是指信号函数的某阶导数不连续或者有间断点，这些点对应的位置包含了信号的重要信息，经常用 Lipschitz 指数来检测信号突变点的位置[8-9]。

Lipschitz 指数 α 是数学上表征函数局部特征的一种度量，α 越大，说明函数越光滑；α 越小，说明函数的奇异性越大。

设 n 为一个非负整数，$n \leqslant \alpha < n+1$，如果存在两个常数 $A>0$，$h_0 > 0$ 和 n 次多项式 $P_n(h)$，使得对 $\forall h \leqslant h_0$ 有如下定义。

设函数 $f(t)$ 在 t_0 附近具有下述特征：

$$\left| f(t_0 + h) - P_n(t_0 + h) \right| \leqslant A |h|^{\alpha}, \qquad n \leqslant \alpha < n+1 \qquad (10\text{-}15)$$

且如果存在两个常数 $A>0$，$h_0 > 0$ 和 n 次多项式 $P_n(h)$，使得对 $\forall h \leqslant h_0$，则称 $f(t)$ 在 t_0 处的奇异性指数为 α。式中：h 为一个充分小的数；$P_n(t)$ 是 $f(t)$ 在 t_0 点 Taylor 级数展开的前 n 项。若 $f(t)$ 在 $[a, b]$ 内任意两点 t_0 和 $t_0 + h$ 都满足式（10-15）时，则称 $f(t)$ 在此区间的奇异性指数为 α。

函数的奇异性与 α 值的关系如图 10-8 所示，α 值越大曲线越光滑，α 值越小曲线越奇异。

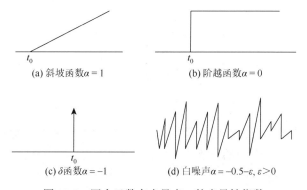

图 10-8　四个函数在奇异点 t_0 的奇异性指数

如果小波函数 $\psi(t)$ 连续可微且在无限远处的衰减速度为 $\alpha \left(\dfrac{1}{1+t^2} \right)$，当 $t \in [a, b]$，$f(t)$ 的小波变换 $W_s f(t)$ 满足：

$$\log_2\left|W_s f(t)\right| \leqslant \log_2 K + \alpha \log_2 s \qquad (10\text{-}16)$$

其中 K 为常数，则 $f(t)$ 在 $[a,b]$ 中的奇异性指数为 α。特别是对于奇异点，即 $[a,b]$ 退化成一点，式（10-16）也成立。

当 $s = 2^j$ 时，得到小波变换的模与奇异性指数的关系为

$$\log_2\left|W_{2^j} f(t)\right| \leqslant \log_2 K + j\alpha \qquad (10\text{-}17)$$

或者写成模极大值的等价关系：

$$\max\left|W_{2^j} f(t)\right| \leqslant K\left|(2^j)\right|^{\alpha}$$

即

$$\max \log_2\left|W_{2^j} f(t)\right| \leqslant \log_2 K + j\alpha \qquad (10\text{-}18)$$

上述公式表明，正是 $j\alpha$ 项把小波变换的尺度特征 j 与 Lipschitz 指数 α 联系起来，并且说明了小波变换的模极大值随尺度 j 和 α 的变换规律，如图 10-9 所示。

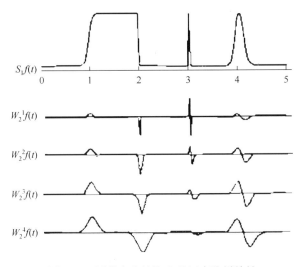

图 10-9　四种突变边缘点的尺度传播特性

由式（10-18）可知：
（1）当 $\alpha>0$ 时，小波变换的模极大值随尺度 j 的增大而增大，对应于边界点。
（2）当 $\alpha<0$ 时，小波变换的模极大值随尺度 j 的增大而减小，对应于噪声信号。
（3）当 $\alpha=0$ 时，小波变换的模极大值不随尺度变化，对应于阶跃信号。

10.4　测井曲线的多尺度分析实例

测井曲线是用于研究油气储层特性及评价生产能力的主要信息来源，测井曲线的形态

特征是地质工作者和测井分析人员进行地层划分、地质对比和层序地层学研究的主要依据。因此在对测井曲线分析解读前，有必要对其进行相应的处理，去除噪声，使得保留下来的仅仅为地层的有效信息。

10.4.1　测井曲线的小波去噪分析

小波去噪的基本思想：首先，选择具有平滑性、紧支撑性和对称性等特性的正交小波基对测井信号进行多尺度小波分解，即将信号从时域变换到小波域；其次，在不同尺度下提取测井信号的小波系数，去除属于噪声的小波系数；最后，应用选取的小波基对测井信号进行重构。

下面以胜利油田某井的声波时差（AC）测井曲线为例分析其去噪过程，具体步骤如下。

（1）选用 Meyer 正交小波基。

（2）对含噪声的 AC 测井信号做 Meyer 小波分解，计算出不同尺度下的小波系数 $d_{j,k}$。

（3）针对小波分解高频系数进行阈值处理，估计出小波系数 $\hat{d}_{j,k}$，使得 $\left\|\hat{d}_{j,k}-d_{j,k}\right\|$ 尽可能小。

（4）利用 $\hat{d}_{j,k}$ 进行 Meyer 小波重构，得到近似信号 $\hat{d}_{j,k}$，即得到去除噪声干扰的测井信号。

AC 曲线经 Meyer 小波去噪处理后的效果如图 10-10 所示。

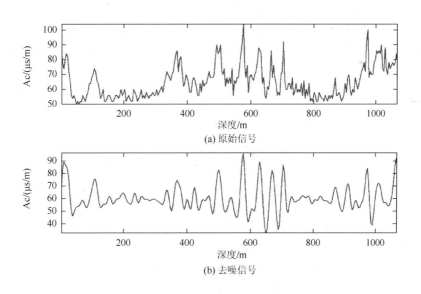

图 10-10　AC 曲线去噪效果图

由图 10-10 可以看出，经 Meyer 正交小波去噪后，去除了地层的干扰信号，时域突变能量更集中，在时域上更具对称性，使实际地层性质的有效信息更加突出。

10.4.2 测井曲线多尺度分层

一般认为，地层界面就是岩性和物性的突变点，在测井信号上的反映表现为信号的突变，这些突变点位于测井曲线上升沿或下降沿上。而小波变换的零极点可以判断信号的突变点，以及确定突变点的准确位置。因此利用测井曲线小波变换的零极点位置来划分地层是一种行之有效的方法。

1. 利用零通小波对测井曲线分层

利用零通小波对测井曲线分层的具体步骤如下。

（1）选取合适的小波基函数对测井曲线进行零通小波变换。

（2）计算各尺度下的零通点表示 $\{Z_{2^j}f(x)\}$，$j \in Z$。

对于相邻的两个零点 Z_n、Z_{n+1}，其表达式为

$$\{Z_s f(x)\} = \frac{L_n}{Z_n - Z_{n-1}} x \in [Z_{n-1}, Z_n], \quad L_n = \int_{Z_{n-1}}^{Z_n} W_s f(x) \mathrm{d}x \,。$$

（3）利用零通点 $Z_s f(x)$ 进行地层多尺度分层。

下面利用零通小波对胜利油田某井的自然伽马（GR）测井曲线进行多尺度分层，并对其进行分析。

多尺度分层结果如图 10-11 所示。

由图 10-11 可以看出，零通小波具有指示信号拐点位置和多尺度分析的优良特性，零通小波变换系数曲线的正负特性对应于测井曲线的波峰和波谷这一重要特性，能很好地解决分层后曲线的取值问题。

利用该方法划分地层，界面位置准确，能够满足各种不同应用中对分层精度的要求。通过选择不同的尺度可将不同层序级别的地层很好地划分出来。

但要注意到，随着尺度的增大，信号越来越光滑，同时丢失的细节信息也越来越多。因此在地层分析时应根据实际需要选择合适的尺度。

2. 利用模极大值检测对测井曲线分层

利用模极大值检测对测井曲线分层，具体步骤如下。

（1）选取合适的小波基函数对测井曲线进行小波变换。

（2）计算各尺度下的模极值点；确定阈值 $T > 0$，对 $m = 0, 1, \cdots$，如果满足以下条件：①$W_s f(m) \geqslant T$；②$W_s f(m)$ 在 m 点处取得模极大值；③m 点处的 Lipschitz 指数大于或等于零，那么 m 点就是信号在尺度 s 下的一个边界点。

（3）利用模极大值点 m 进行地层多尺度分层。

下面以胜利油田某井的自然电位（SP）曲线为例，利用 Guass 小波对其进行模极值检测多尺度分层，并对其结果进行分析。

分层结果如图 10-12 所示。

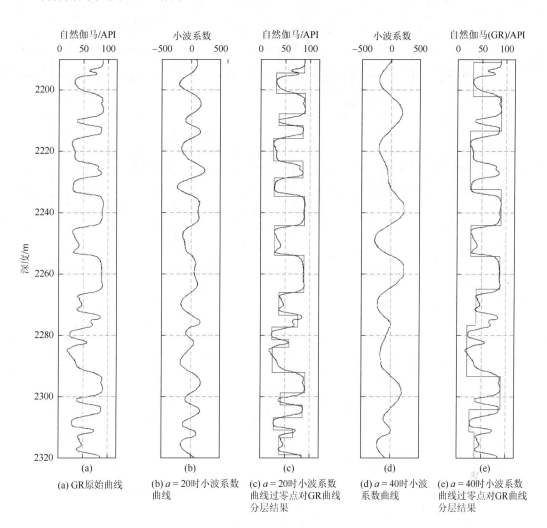

图 10-11　零通小波对 GR 曲线不同尺度的分层结果

　　由图 10-12 可看出，SP 曲线在做不同尺度小波变换时，Guass 小波具有指示信号拐点位置和多尺度分析的优良特性，利用其模极值检测方法划分地层，界面位置准确，能够满足各种不同应用中对分层规模的需求。

　　随着尺度的增大，极值点由多到少，并且相邻的极值点逐渐融合成大的奇异点；各极值点对应于测井曲线上的局部最大突变点（即原信号的拐点），极值点的幅值反映了对应点局部梯度的大小；极值点的正负反映了曲线的边缘方向特性，正极大值对应于测井曲线上升沿，负极大值对应于测井曲线下降沿；极值点随尺度变化的幅值大小反映了曲线的边缘变化特性，幅值较大反映了对应于测井曲线较剧烈的变化趋势（如较陡的边缘），幅值较小反映了对应于测井曲线较平缓的变化趋势（如较缓的边缘）。

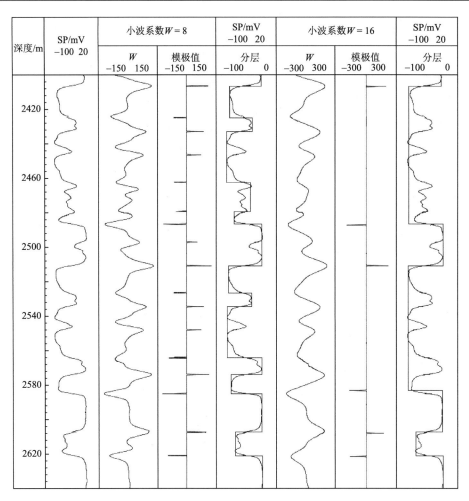

图 10-12　Guass 小波模极值检测对 SP 曲线不同尺度的分层结果

参 考 文 献

[1]　曹怀信，郭志华. 小波分析基础[M]. 北京：科学出版社，2017.

[2]　周小勇，叶银忠. 故障信号的小波基选择方法[J]. 控制工程，2003，10（4）：308-311.

[3]　陈希平，毛海杰，李炜. 基于 MATLAB 的奇异姓检测中的小波基选取研究[J]. 计算机仿真，2004，21（11）：48-50.

[4]　唐惠玲. 多小波的预处理方法及其在电力设备故障检测中的应用[J]. 电气应用，2007，26（8）：l00-103.

[5]　余继峰，李增学. 测井数据小波变换及其地质意义[J]. 中国矿业大学学报，2003，32（3）：336-338.

[6]　徐涛，吴登峰. 多小波正交扩充算法在图像处理中的应用[J]. 吉林大学学报（工学版），2006，36（5）：778-781.

[7]　许彬，郑链. 基于多小波的信号奇异性分析方法[J]. 系统仿真学报，2006，18（11）：3217-3223.

[8]　刘伟，曹思远. 基于小波变换的信号奇异性检测在层位识别中的应用[J]. 石油地球物理勘探，2010，45（4）：530-533.

[9]　戴建新，郦志新，宋洪雪. 基于小波的信号 Lipschitz 指数分析和应用[J]. 南京邮电大学学报，2008，28（6）：69-73，82.

第 11 章　测井曲线融合的水合物储层划分

在测井过程中，对非均质及其他复杂交互地层测量时，如采用单一测井数据对其进行解释，由于存在地层结构的复杂性及测井过程中的人为和其他不确定因素的干扰，其解释往往存在一定的随机性和不确定性。如采用某种方法将多个测井数据融合为一个数据，其结果将包含被测地层的更多信息，在地层解释上将更加准确，包含的信息更加丰富。

11.1　测井数据小波去噪预处理

测井曲线反映了被测地层岩性及层面的变化，但由于孔中随机噪声的存在，测井曲线往往会产生非正常变形；而突发噪声的干扰会使测井曲线产生突变（毛刺），这些都会使测井数据产生失真。为了更好地判读地层信息，在对测井曲线解释时应将这些干扰信号滤出。

测井信号从频谱上来看，具有比较明显的高低频特性。噪声信号往往分布于高频区，其能量相对较低，而有用信号往往分布于低频区，其能量相对较高。根据这一特性可以设计相应的滤波器，滤出高频的噪声信号而保留所需的低频有用信号。

11.1.1　基于小波分析的信号去噪原理

通常测井信号可表示为如下形式：

$$f(t) = x(t) + g(t) \qquad (11\text{-}1)$$

式中：$x(t)$ 为原始信号；$g(t)$ 为方差 σ^2 的 Gaussian 白噪声，其服从 $N(0, \sigma^2)$ 分布。

一般来说，将有用信号 $x(t)$ 从测井信号 $f(t)$ 中提取出来是十分困难的，必须借助相应的数学工具。小波变换理论作为近几年出现的一种新的信号分析工具，具有对连续和离散信号非常好的去噪能力，对离散的随机信号具有很好的适应性和解释性[1]。

小波变换在对离散的测井信号的噪声处理方面具有其独特的优势。

（1）由于小波基的多样性，对测井曲线的分析具有很好的适应性。

（2）小波变换与测井信号之间具有很好的相关性。

（3）基于小波的多尺度分析可以对测井信号的边缘、突变、断点等异常信息进行很好的描述。

（4）小波系数分布的稀疏性，可以很好地降低测井信号滤波后的能普（熵值）。

11.1.2　小波阈值去噪法对测井信号的处理

小波阈值去噪法的基本原理：噪声信号由小波变换产生，导致不同的频谱分布。有用的信号对应于具有较大幅度的小波系数，并且噪声信号对应于较小的小波系数。根据这一特性可以设置一个阈值，大于该阈值的小波系数视为有用信号予以保留，而小于该阈值的小波信号视为噪声信号予以剔除，从而达到去噪的目的。

小波阈值去噪法可分为以下 3 个步骤。

（1）对原始测井信号 $f(t)$ 进行小波变换，利用 Mallat 分解算法将其分解到不同的尺度上，得到不同尺度下的小波系数 $W_{j,k}$，即

$$f(t) = W_{j-1} \oplus W_{j-2} \oplus W_{j+3} \oplus \cdots \oplus W_{j-N} \oplus V_{j-N} \tag{11-2}$$

（2）对不同尺度下的小波系数 $W_{j,k}$ 进行阈值处理，得到估计系数 $\widehat{W}_{j,k}$，使 $\Delta = \widehat{W}_{j,k} - W_{j,k} \to 0$。

（3）利用 Mallat 重构算法对 $\widehat{W}_{j,k}$ 进行小波重构，得到测井信号 $f(t)$ 去噪后的信号 $\widehat{f}(t)$。

11.1.3　小波阈值的选取

在上述去噪过程中，阈值的选取是一个关键的问题。1994 年，美国斯坦福大学的 Donoho 和 Johnstone 教授提出了一种基于统计学特征的 $\widehat{W}_{j,k}$ 的简洁估算方法[2-3]。

基于 Donoho 算法的测井曲线小波阈值算法的基本思路如下。

原始测井信号 $f(t)$ 经小波变换，所得不同尺度下的小波系数 $W_{j,k}$，在曲线的某些特定点上具有较大的数值，这些点所对应的位置即为地层岩性的变换位置；而在噪声信号处，小波系数 $W_{j,k}$ 在不同尺度上是渐变的，并随着尺度的增加而减小。

设定一个判断阈值 λ，对于小于 λ 的 $W_{j,k}$ 计为 0，将其滤掉；大于 λ 的 $W_{j,k}$ 予以保留，据此求出估计小波系数 $\widehat{W}_{j,k}$。重构估计小波系数 $\widehat{W}_{j,k}$，得到 $f(t)$ 的重构原始测井信号 $\widehat{f}(t)$。

测井曲线小波阈值算法的实现如下。

设阈值：$\lambda = \sigma\sqrt{2\lg M}$。其中，$\sigma = \dfrac{\text{median}\left(\left|W_{j,k}\right|\right)}{0.6754}$ 为噪声水平的估计值；M 为测井信号的波长。

阈值估算函数定义如下：

$$\widehat{W}_{j,k} = \begin{cases} W_{j,k} - \lambda, & W_{j,k} \geq \lambda \\ 0, & \left|W_{j,k}\right| < \lambda \\ W_{j,k} + \lambda, & W_{j,k} \leq -\lambda \end{cases} \tag{11-3}$$

$$\widehat{W}_{j,k} = \begin{cases} W_{j,k}, & \left|W_{j,k}\right| \geq \lambda \\ 0, & \left|W_{j,k}\right| \leq \lambda \end{cases} \tag{11-4}$$

式中：$W_{j,k}$ 为多尺度变换的小波系数；$\widehat{W}_{j,k}$ 为估计小波系数（即阈值处理后的小波系数）。

式（11-3）称为软阈值估算函数，式（11-4）成为硬阈值估算函数。

软阈值估算函数为一连续函数，$\widehat{W}_{j,k}$ 与 $W_{j,k}$ 之间存在的误差 Δ 较小，滤波效果较好。硬阈值估算函数为一不连续函数，$\widehat{W}_{j,k}$ 与 $W_{j,k}$ 之间存在的误差 Δ 较大，滤波效果不太理想，

去噪后的信号含有比较明显的噪声。

由式（11-3）和式（11-4）可以看出，在 $[-\lambda, \lambda]$，软阈值估算法和硬阈值估算法的 $\hat{W}_{j,k} = 0$；在其他区间软阈值估算法的 $W_{j,k}$ 经压缩后得到新的小波系数 $\hat{W}_{j,k}$，硬阈值估算法的 $W_{j,k}$ 保持不变。

实验表明，软阈值估算法处理后得到的有用信号曲线较为光滑，但原始测井信号的相关信息存在一定的丢失；而硬阈值估算法处理后得到的有用信号曲线起伏较大，但更多地保留了测井原始信号的有用信息。

11.1.4　小波阈值算法的改进

在对测井信号进行小波去噪时，一般认为小波系数 $W_{j,k}$ 的高通部分能量较低为噪声信号应去除掉，而小波系数 $W_{j,k}$ 的低通部分能量较高为有用信号应保留。

若分解后每层应用同样的阈值，会在低频小波系数上消除掉信号的有用信息，在高频系数上保留过多的噪声。如通用阈值在不同尺度下的小波系数是恒定不变的，随着小波分解层数的增加，噪声的能量会越来越小，若选用此阈值会把有用信号的能量滤掉，达不到理想的去噪效果[4]。

只有符合噪声变化特性的阈值才能尽可能多地滤除噪声，保留有用信号[5]。这里提出一种自适应的阈值以改进上述算法的不足，其表达式为

$$\lambda_k = 2^{-\frac{1}{4}k} \sigma \sqrt{2 \lg M} \big/ \log_2 (k+1) \tag{11-5}$$

式中：k 为分解层数，其他参数变量不变。改进的阈值 λ_k 相对于分解层数成反比关系，这点与噪声的特性正好相一致，能根据不同情况自行调节不需人为干预，实现了自适应特性。

在实际测井信号处理中，去噪次数并非越多越好，小波分解和去噪次数越多，小波系数 $W_{j,k}$ 中的噪声能量越少，去噪的效果越差，并越来越分散，小波分解的过程越来越长。因此，通常进行 3～4 层的小波分解和去噪就能满足数据分析的需要，5 层以上的小波分解和去噪对数据分析已无明显作用，反而会使计算工作量加大并增加数据处理的泛函。

11.1.5　去噪效果的定量评价

信号去噪的效果主要看两个指标：信噪比（signal to noise ratio，SNR）和最小均方差（mean square error，MSE）。通常，SNR 越大，MSE 越小，代表去噪效果越好。

信噪比表示在含噪信号中信号和噪声占的能量比重，它和去噪效果成正比关系。定义为

$$SNR = 10 \lg \frac{\sum_{i=1}^{M} |d(i)|^2}{\sum_{i=1}^{M} |\hat{d}(i) - d(i)|^2} \tag{11-6}$$

最小均方差为各测量误差的平方和再取平均值，是衡量平均误差的一种手段。定义为

$$MSE = \frac{1}{M} \sum_{i=1}^{M} |\hat{d}(i) - d(i)|^2 \tag{11-7}$$

式中：$d(i)$ 为原始信号；$\hat{d}(i)$ 为估计信号；M 为测井信号的波长。

由式（11-7）可以看出，最小均方差和去噪效果成反比关系。

11.1.6　测井曲线去噪实例分析

实例采用的测井数据来自大庆油田某井，对该井的自然伽马测井曲线进行滤波处理，选取的井段深度为 1026.80～1076.70 m，采样间距为 0.05 m，横坐标为采样点序数，纵坐标为曲线幅值。原始曲线和消噪曲线对比效果如图 11-1 所示。

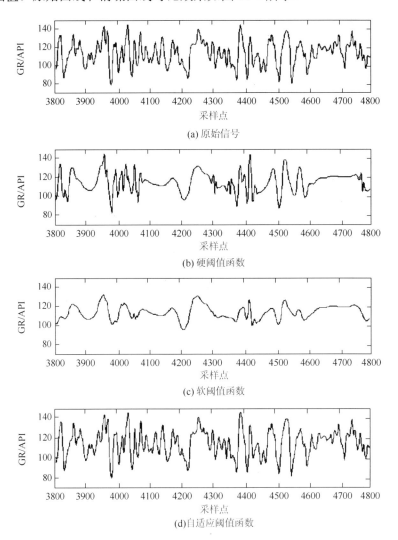

图 11-1　自然伽马测井曲线去噪效果对比图

由图 11-1 可以看出，对比较复杂的测井曲线去噪时，硬阈值去噪法和软阈值去噪法的效果均不太理想，信号有效成分丢失太多。自适应阈值函数能较好地还原原始信号的特征。数据对比也可看出各自去噪效果的优劣，信噪比与最小均方差见表 11-1。

表 11-1　3 种阈值函数去噪后 SNR 和 MSE 对比

自然伽马	硬阈值函数	软阈值函数	自适应阈值
SNR	23.6904	20.8379	28.2987
MSE	0.0785	0.0963	0.0392

由表 11-1 可以看出，自适应阈值法的 SNR 最大且 MSE 最小，因此其去噪效果最好。

11.2　基于多尺度边缘检测的测井数据融合

测井曲线在其测量地层的非均质区和层面交界处往往会产生突变和大斜率变化，根据这一特点可实现对地层的精确划分。而突变点和大斜率的位置和形态的确切描述通常基于小波变换系数的模极大值分析方法。对小波变换系数的模极值进行多尺度重构过程被称为基于小波多尺度边缘检测的数据融合。

11.2.1　基于小波多尺度边缘检测的融合算法

一般来说，在测井数据的多尺度融合过程中，小波系数的模极大值包含了测井曲线对应地层的完整信息。因此，通过对小波变换系数的模极大值的多尺度重构可以得到与原始测井信号十分接近的重构信号。

基于小波变换的模极大值多尺度重构一般采用逐次迭代方法来实现[6]。为使重构过程简化及实现快速的小波变换，取小波为二进尺度 $\{2^j\} j \in Z$ 小波，对其迭代过程进行分析。

模极大值多尺度重构逐次迭代法的基本步骤如下。

步骤 1：对测井信号 $f(x)$ 进行小波分解：

$$\begin{cases} c_k^{(j)} = \sum_n h_0(n-2k) c_k^{(j-1)} \\ d_k^{(j)} = \sum_n g_0(n-2k) d_k^{(j-1)} \end{cases} \tag{11-8}$$

式中：$c_k^{(j)}$ 为尺度系数；$d_k^{(j)}$ 为小波系数；h_0、g_0 为多尺度分析滤波器系数；j 为分解层数。

步骤 2：在每级尺度 2^j，求 $h_j(t)$，保证它在 $\{c_k^{(j)} | j = 1, 2, \cdots\}$ 点有极大值 $A_k^{(j)}$。

步骤 3：寻求一函数 $G(t)$，使得在每级尺度 2^j 上，有 $W_{2^j} G(t) = g_j(t)$，二进制小波 $W_{2^j} G(t)$ 在极大值点取值为 $W_{2^j} G(t) = g_j(t) \approx h_j(t)$。

求函数 $G(t)$ 的方法为迭代法：设 $j = 0$ 时，有 $G^{(0)} = 0$，即 $g_j(t)$。由于 $g_j(t) \approx h_j(t)$，可设 $\varepsilon_j(t) = h_j(t) - g_j(t)$。

对于每次迭代产生的 $\varepsilon_j(x)$ 一定要满足：

$$\varepsilon_j(t) = \min \sum_{j=-\infty}^{\infty} \left[\int \varepsilon_j^2(t) dt + 2^{2j} \int \left(\frac{d\varepsilon_j}{dt} \right)^2 dt \right]$$

同时也要求任意相邻的两个极大值 $A_{k-1}^{(j)}$ 与 $A_k^{(j)}$ 之间的 $\varepsilon_j(t)$ 满足：

$$\varepsilon_j(t) = \min\left[\int \varepsilon_j^2 \mathrm{d}t + 2^{2j}\int\left(\frac{\mathrm{d}\varepsilon_j}{\mathrm{d}t}\right)^2 \mathrm{d}t\right]$$

$$\varepsilon_j(t_{k-1}) = A_{k-1} - g_j(t_{k-1}) \tag{11-9}$$

$$\varepsilon_j(t_k) = A_k - g_j(t_k) \tag{11-10}$$

此问题为一变分问题（变分方程），其 Euler 方程为

$$\varepsilon_j(t) - 2^{2j}\frac{\mathrm{d}^2\varepsilon_j(t)}{\mathrm{d}t^2} = 0, \qquad t\in[t_{k-1}, t_k]$$

其通解为

$$\varepsilon_j(t) = \alpha \mathrm{e}^{-2^{-j}t} + \beta \mathrm{e}^{-2^{-j}t} \tag{11-11}$$

式中：α 与 β 由边界条件式（11-9）和式（11-10）确定。将 $\{\varepsilon_j(t)\}$ 求出后代入 $h_j(t) = \varepsilon_j(t) + g_j(t)$ 中就可得到 $\{h_j(t)\}$。

设函数 $\gamma(t)$ 的二进制小波集合为 $\{y_j(t)|j\in Z\}$，其小波变换 $W(\gamma(t)) = \{y_j(t)|j\in Z\}$，由于 $WW^{-1} = 1$ 为一单位阵，则有

$$W\left(W^{-1}\{y_j(t)|j\in Z\}\right) = W(\gamma(t)) = \{y_j(t)|j\in Z\} \tag{11-12}$$

令 $G'(t) = W^{-1}\{g_j'(t)|j\in Z\}$，计算出初值 $\{g_j(t)=0|j\in Z\}$ 的改进值 $W(G'(t)) = \{g_j'(t)|j\in Z\}$。

重复上述过程，将改进值 $\{g_j'(t)|j\in Z\}$ 设为初值，计算出其新的改进值 $\{g_j''(t)|j\in Z\}$。

步骤 4：对迭代到要求次数后的 $\{g_j'''(t)\}$ 作逆变换，即得到 $\hat{f}(t) = W^{-1}\{g_j'''(t)\}$。

11.2.2　基于小波多尺度边缘检测的测井数据融合

小波多尺度边缘检测测井数据融合的方法为：①对每一条测井曲线按小波系数模极大值多尺度重构算法，作二进小波分解，求出各尺度模极大值点的位置；②在同一尺度上对不同尺度下每条测井曲线小波分解后的高频信息进行比较，保留有用信息的小波系数；③在不同尺度上对其进行重构，得到多条测井曲线融合后的综合曲线信息。

1. 测井数据的融合规则

要得到高质量的测井融合数据，首先必须确定其数据融合的规则。测井数据多尺度融合实现了测井数据在不同频率域分解，对不同频率域的信号采用不同的提取规则，提取其有用信息，从而使原始测井信号在不同频率域的显著特征在融合数据中保留下来。

设两条测井信号的离散采样序列分别为 $f_1(n)$ 和 $f_2(n)$（$n = 1, 2, \cdots, N$），对测井信号在尺度 $j = 0$ 时进行分解，得到的小波低频系数为 c_{1n}^0 和 c_{2n}^0，小波高频系数为 d_{1n}^0 和 d_{2n}^0，经过 j（次）层分解，得到相应的小波低频系数 $c_{1n}^{(j)}$ 和 $c_{2n}^{(j)}$；高频系数 $d_{1n}^{(j)}$ 和 $d_{2n}^{(j)}$，则该序列即为测井曲线的小波系数多尺度分解序列[7]。

1）小波系数的高频域融合

测井数据包含了所测地层的相关信息，如地层层面的变化、层内介质的变化等，这些

变化特征反映在测井曲线的突变和斜率增大处,多尺度数据融合的目的就是要将这些曲线的这些特征集中突出出来。小波高频系数的值越大,代表突变点处的信息能量越强。基于此原理,上述两条测井曲线的小波系数多尺度分解的高频有用信息可表示为

$$d_n^{(j)} = \begin{cases} d_{1n}^{(j)}, & \text{if } \mathrm{abs}(d_{1n}^{(j)}) > \mathrm{abs}(d_{2n}^{(j)}) \\ d_{2n}^{(j)}, & \text{else} \end{cases} \tag{11-13}$$

式中: $d_{1n}^{(j)}$ 和 $d_{2n}^{(j)}$ 分别为两条测井曲线在相同尺度 j 下同一点处的高频小波系数值。

2) 小波系数的低频域融合

这里采用边缘检测法选取小波低频系数。测井曲线小波变换系数的低频部分较好地保留了地层的概貌信息,在测井曲线中,当被测地层的层面发生变化时,其测井曲线对应处的斜率会增大,当地层岩性差异较大时,其斜率的变化程度也较大。因此,测井曲线某点的斜率反映了该点所对应地层的边缘信息。

当测井曲线中有一条或多条曲线的小波低频系数为零时,则测井曲线小波系数低频值采用加权平均法求取。

基于此原理,上述两条测井曲线的小波系数多尺度分解的低频有用信息可表示为

$$c_n^{(j)} = \frac{c_{1n}^{(j)} + c_{2n}^{(j)}}{2} \tag{11-14}$$

式中: $c_{1n}^{(j)}$ 和 $c_{2n}^{(j)}$ 分别为两条测井曲线在相同尺度 j 下同一点处的低频小波系数值。

如不满足上述条件,则选取斜率最大者的低频系数作为小波低频系数,这样可以最大限度地保留测井曲线里所包含的地层边缘信息。

2. 测井数据融合的定量评价

测井数据融合的目的是保留所有单条数据的共有信息,同时加入相关地层的辅助信息,丰富测量数据的信息量,使相关特征更加显著。融合的效果可以通过融合后拥有的信息量与原始数据拥有的信息量进行比较来评价。测量数据融合效果的评价应从反映测井数据高频有用信息及低频噪声信息两个方面来进行评价。

1) 融合数据的信息熵

测井数据融合后其包含测量地层数据的信息量可以用融合数据的信息熵(E)来表示。信息熵的大小反映了测井数据携带的信息量,融合数据的熵越大,测井数据包含的信息量就越大[8-9]。通过融合数据信息熵与单条数据信息熵的比较可以衡量融合数据对地层细节的表现能力及空间分布信息。

根据信息论里的香农定理,测井融合数据的信息熵可以定义为

$$E = -\sum_{n=1}^{N} Q_n \log_2 Q_n \tag{11-15}$$

式中: Q_n 为第 n 个测井数据采样点处融合数据出现的概率。

熵越大说明数据的融合效果越好,包含的信息量越大,对地层细节信息的表征越好。融合数据的信息熵更多的是对测量地层空间细节信息的度量。

2) 融合数据的方差

测井数据融合的效果也可以用融合数据的方差(S_T)来表征。测井数据融合的方差反

映了融合数据幅值相对于平均幅值的离散程度[10]。

根据方差的定义，测井融合数据的方差可以定义为

$$S_{\mathrm{T}} = \sqrt{\sum_{n=1}^{N}\left[f(n)-\bar{f}\right]^2 \Big/ N} \tag{11-16}$$

式中：$f(n)$ 为融合数据的幅值；$\bar{f}$ 为测量数据的平均幅值；N 为测井数据的总采样点。

方差越大，说明融合数据包含的地层信息量越大，数据融合的效果越好，越能反映测量地层的真实状态。融合数据的方差更多的是对测量地层有用信息的度量。

11.2.3　实际测井资料应用效果与评价

按照上述方法，选取二次样条二进小波对大庆油田某井 2110～2210 m 深度段的 GR 和 SP 曲线进行了多尺度数据融合。低频系数采用加权法，权系数选取主分量值，GR 和 SP 曲线在不同尺度上的模极大值曲线及多尺度融合数据曲线如图 11-2 所示。

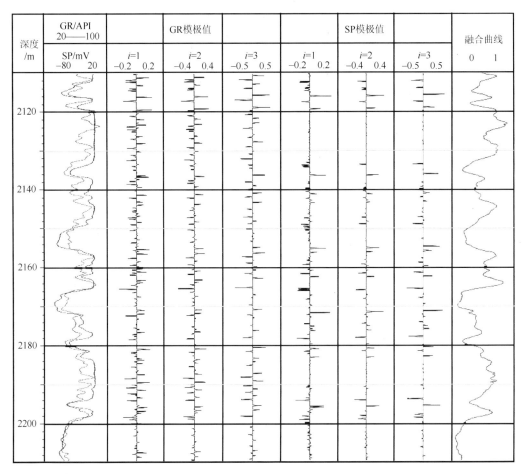

图 11-2　基于模极值的测井曲线融合

从图 11-2 中可以看出，融合后的曲线消除了测井数据中突变参数的影响，强化了多条测井曲线的公共信息，清楚地反映了地层层序细节的信息，小波多尺度边缘检测进行测井数据融合的方法可以用来精细划分地层。

采用统计参数方差和信息熵对不同分解层数（尺度 j）的融合曲线进行定量评价，以确定最佳融合层数，其统计参数见表 11-2。信号的信息熵和方差是衡量信号信息丰富程度的重要指标。方差和信息熵越大，信号包含的信息量越大。

表 11-2　不同尺度测井曲线及融合数据的定量评价

分解层数	融合曲线		GR 测井曲线		SP 测井曲线	
	方差	信息熵	方差	信息熵	方差	信息熵
0	39.5692	6.7615	21.5949	6.9110	34.7120	6.7526
1	39.5688	6.7528	21.5843	6.8593	34.7022	6.7224
2	39.5527	6.7432	21.5759	6.7942	34.6997	6.6845
3	39.3724	6.6349	21.3592	6.6758	34.6632	6.6422
4	38.7140	6.1743	20.5441	6.3848	34.2719	6.2538
5	36.2578	5.7343	18.7327	5.9670	32.5521	5.6352

从表 11-2 中可以看出，随着分解尺度的增大，方差和信息熵呈现递减的趋势。对于给定的测井信号，分解 3 层后，再利用边缘信息重构信号，融合效果已经很好了，最多可分解到 4 层，没有必要再往下分解。随着尺度增大，信号的一些边缘信息会逐步消失。对于一般情况，可以比较相邻层间融合信号的信息熵与方差相对于参加融合信号的增量，设定阈值，当增值小于设定值时，就不再增加分解层数。

11.3　测井数据融合的储层划分实例分析

这里结合"祁连山冻土区天然气水合物科学钻探工程"所获得的钻探和测井数据采用数据融合的方法对其储层进行评价分析。

11.3.1　祁连山冻土区天然气水合物钻探和测井作业

该项目在木里煤田聚乎更矿区进行了 DK-1、DK-2、DK-3、DK-4、DK-5 和 DK-6 六个天然气水合物试验孔的钻探和常规测井作业，总进尺 2859.84 m，并相继获取天然气水合物样品。

2008 年 11 月 5 日在 DK-1 孔成功钻获天然气水合物实物样品，并于 2009 年在 DK-2 和 DK-3 孔相继获取天然气水合物样品。所获得的天然气水合物均产于冻土层下，埋藏深度 133～396 m，层位上属于中侏罗统江仓组。

11.3.2　祁连山冻土区天然气水合物测井分析数据选取

选取试验孔 DK-1、DK-3 钻孔的测井数据，其测井曲线如图 11-3 和图 11-4 所示。并选取自然伽马（GR）—声波时差（AC），电阻率（Rt）—声波时差（AC）曲线进行多尺度数据融合分析。

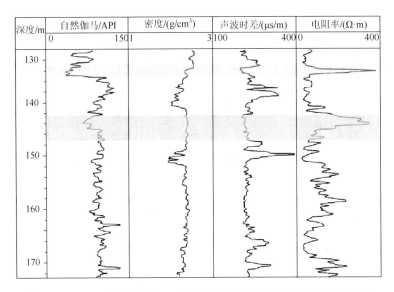

图 11-3　DK-1 钻孔电阻率、声波时差、密度和自然伽马测井曲线图

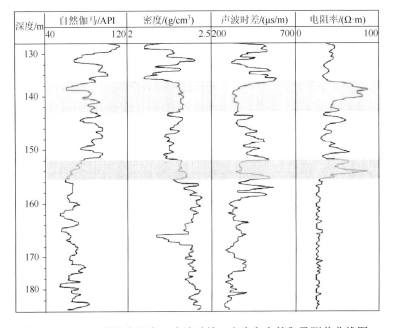

图 11-4　DK-3 钻孔电阻率、声波时差、密度和自然伽马测井曲线图

11.3.3　测井数据融合算法的实现

（1）测井数据预处理。测井曲线的变化记录了地层介质与地层层序的变化，由于孔内噪声的干扰及其他原因造成的曲线突变和抖动，在对测井数据处理之前应消除这些干扰。滤波是最好的方法，这里采用小波滤波法。

（2）测井数据归一化。每条测井曲线都有其物理意义（维度）的度量，为了实现数据融合，必须消除这些维度并正常化。这里采用极限值归一化方法。

（3）测井曲线多尺度分解。为得到测井曲线不同尺度下的小波低频系数和高频系数，必须先对测井曲线进行分解。这里采用二进小波对每条测井曲线做多尺度分解，分解层数为 $j=3$。

（4）选取融合规则。按尺度 $j=3$ 分解后得到的小波低频系数和高频系数的模极大值，这里采用模极大值作为高频系数的融合规则，边缘检测作为低频系数的融合规则。

（5）测井数据多尺度重构。根据融合规则选取测井曲线小波分解的高频系数和低频系数，采用逐次迭代法重构测井曲线。

按照上述测井数据融合的步骤，对 DK-1 钻孔的自然伽马（GR）—声波时差（AC），DK-3 孔的电阻率（Rt）—声波时差（AC）测井曲线进行多尺度数据融合，其融合结果如图 11-5 和图 11-6 所示。

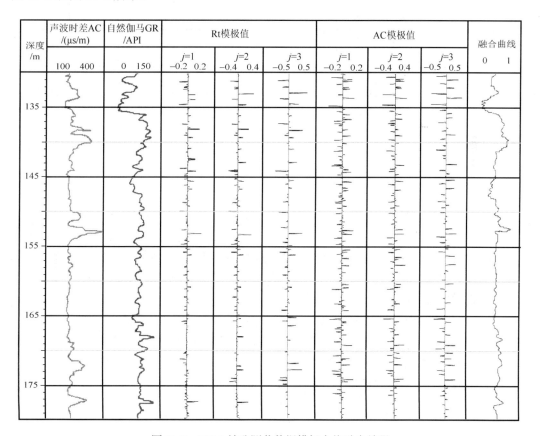

图 11-5　DK-1 钻孔测井数据模极大值融合结果

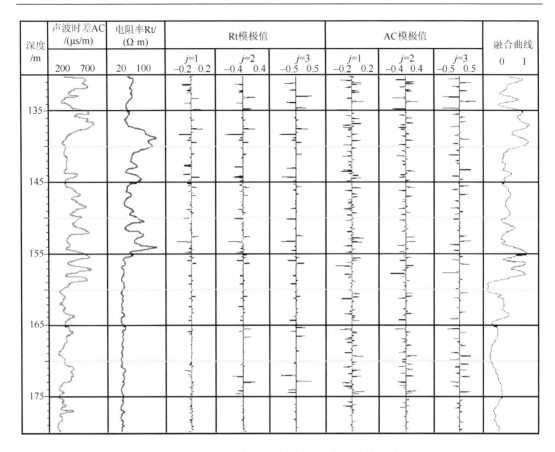

图 11-6　DK-3 钻孔测井数据模极大值融合结果

11.3.4　融合效果分析与评价

1. 融合结果分析

将融合结果与钻探取心的结果进行对比，画出其地层分布，如图 11-7 所示。可以看出两者在 4 个含水合物界面的位置均较为吻合，误差较小，且融合曲线的"起伏"处对应了水合物储层不同土体介质的细微变化，曲线的拐点和突变点对应了不同地层的界面，融合后的曲线较好地反映了地层的变化，充分反映了测量地层的相关信息，因此可以将其作为划分水合物储层的依据。

DK-1 钻孔的融合曲线在 133～135 m、143～147 m 处，DK-3 钻孔的融合曲线在 135～140 m、155～160 m 处产生跳变和增强（或减小），根据天然气水合物测井响应特征，说明该两个井段处可能蕴含天然气水合物。

融合曲线的方差和信息熵见表 11-3、表 11-4。

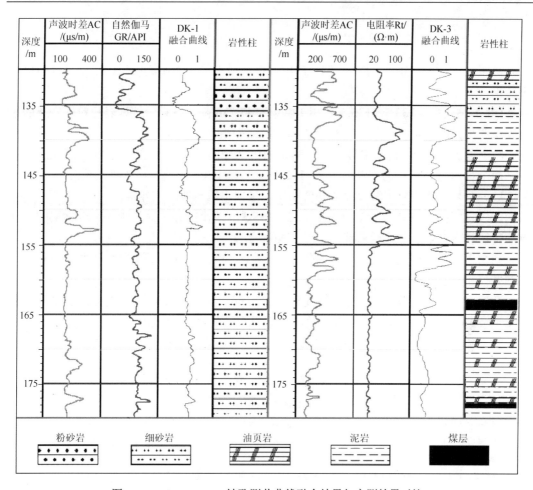

图 11-7 DK-1、DK-3 钻孔测井曲线融合结果与实测结果对比

表 11-3 DK-1 钻孔测井曲线融合效果的定量评价

评价标准	融合曲线	GR 测井曲线	AC 测井曲线
信息熵	6.2637	6.2210	6.3526
方差	34.7500	21.5832	29.7643

表 11-4 DK-3 钻孔测井曲线融合效果的定量评价

评价标准	融合曲线	Rt 测井曲线	AC 测井曲线
信息熵	6.5548	6.5216	6.7139
方差	34.4722	22.3140	30.7325

从表 11-3 和表 11-4 可以看出，融合使曲线的有用信息更加突出，相对于单个数据其信息熵和方差增大；方差和信息熵越大，说明融合曲线包含的信息量越多，对测量地层内部和地层边界信息的展示更加全面和详细，增强了测井数据在地层分析中的可信度。

2. 融合结果与实测结果对比

对图 11-7 中的 DK-1、DK-3 钻孔的测井曲线融合结果与实测结果比较，可以得出如下结论。

DK-1 钻孔中，133.5～135.5 m 和 142.9～147.7 m 两个赋存于细砂岩和粉砂岩层的水合物层的测井响应特征明显（与融合曲线显示结果相吻合）。

两个含水合物层段自然伽马幅值为 34.6～107.7API，在曲线上呈箱状降低的变化趋势。

两个含水合物层段的声波时差为 195.96～251.91μs/m，其对应的纵波速度为 5.10～3.97 km/s，与相邻地层声波时差测井值相比，呈现出低声波时差异常。

DK-3 钻孔中，137.4～143.3 m 和 152～155.5 m 两个赋存于泥岩中的水合物层的测井响应特征较为明显（与融合曲线显示结果相吻合）。

两个含水合物层段的电阻率测井值介于 39.33～86.16Ω·m，其电阻率测井值与相邻地层测井值相比显示明显的高电阻异常。

两个含水合物层段的声波时差值介于 320.66～549.14μs/m，其对应的纵波速度为 3.12～1.82 km/s，与相邻地层声波时差测井值相比呈现明显的低值。

以上特征与国外冻土区水合物层段的测井响应特征基本一致，但具体值有一定差异。

参 考 文 献

[1]   孙延奎. 小波分析及其应用[M]. 北京：机械工业出版社，2005.

[2]   DONOHO D L，JOHNSTONE I M. Ideal Spatial Adaptation Via Wavelet Shrinkage[J]. Biometrika，1994，81（12）：425-455.

[3]   DONOHO D L，JOHNSTONE I M. Adapting to Unknown Smoothness Via Wavelet Shrinkage[J]. Journal of American Stat Assoc，1995，12（90）：1200-1224.

[4]   万相奎，徐杜. 自适应阈值小波滤波及其在 ECG 消噪中的应用[J]. 计算机工程与应用，2008，44（18）：139-140.

[5]   赵勇，郭鹏. 自适应阈值的小波噪声消除方法及其在消除心电图（ECG）噪声方面的应用[J]. 生物医学工程杂志，2008，25（3）：531-535.

[6]   MALLAT S. Multiresolution approximation and wavelets crthonormal bases of L2[J]. American Mathematical Society. 1989，315：69-88

[7]   刘冰，黄隆基. 基于小波模极大值的测井数据多尺度融合方法[J]. 煤炭学报，2010，4（35）：645-649.

[8]   林卉，杜培军，张莲蓬. 基于小波变换的遥感影像融合与评价[J]. 煤炭学报，2005，30（3）：332-336.

[9]   刘贵喜，杨万海. 基于小波分解的图像融合方法及性能评价[J]. 自动化学报，2002，28（6）：927-934.

[10]   PETROU M，STASSOPOULOU A. Advanced techniques for fusion of information in remote sensing: an overview[J]. SPIE，1999，3871：264-275.

第 12 章　多功能探管用于浅层天然气勘探实验

近年来随着石油价格持续上涨和勘探技术的提高,浅层天然气藏的勘探和开发又逐渐吸引了人们的注意,并表现出了投资少回报快的特征。我国长期以来对浅层天然气研究及勘探工作重视不够,除柴达木盆地、浙江外,其他地区还未开展过针对浅层天然气的系统勘探工作,因此积极开展这方面的研究具有十分重要的意义。

12.1　多功能静力触探用于浅层气勘探

由于浅层气的赋存状态极为复杂,给工程地质勘探中准确判断浅层气的分布范围带来不便。作为一种重要的原位测试手段,静力触探技术主要用于划分土层、判别土类、确定土名及确定地基土的物理力学特性等。石油部门的研究者有采用双桥探头进行超浅层气的勘探生产实践的活动,但其主要方法还是先通过静力触探进行土层的划分,再根据储气层与封盖层土性的差异初步确定可能的浅层气分布范围,对于可能的储气砂层中是否含气,以及气压的大小,还需通过其他辅助方法确定[1-3]。而用孔隙水压力静力触探(CPTU)来判断储气砂层的分布范围,对比砂土中气压变化对孔隙水压力影响的规律,研究含浅层气砂土的承载性能在气压释放前后的变化规律还未见文献报道。

目前我国在工程地质勘察中广泛使用的还是单桥静力触探,双桥静力触探应用开始普及,而孔隙水压力静力触探技术则应用较少。孔隙水压力静力触探探头与现有的单桥及双桥探头相比,除能测出锥尖阻力和侧壁摩擦阻力外,还可测得孔隙水压力,因而划分土层土类的分辨率又比双桥静力触探有很大提高,特别是在区分砂层和黏性土层时,分辨率极高。其主要原因是孔隙水压力静力触探探头可测土层的超孔隙水压力,而超孔隙水压力的大小直接和土的密实度及渗透性密切相关。如在黏土层触探时所生成的超孔隙水压力很大,而孔隙水压力静力触探探头从黏性土层进入砂层中时,超孔隙水压力明显下降,有时还会出现负超孔隙压力。这是因为探头贯入时,由于黏性土的渗透性较差,产生的超孔隙水压力很高而消散得很慢;砂性土则由于渗透系数较大,产生的超孔隙水压力较低且消散较快。在密实砂土中,由于剪胀作用,还会使超孔隙水压力出现负值。根据此种现象,很容易将黏性土与砂土区分开来,但用孔隙水压力静力触探来判断砂层是否含浅层生物气还未见文献介绍。对于砂层中气压释放前后其承载性能的变化,也只有少数学者在理论上和室内模拟实验中进行探讨和研究,尚未见在实际工程中得到应用和验证,在野外借助现场静力触探试验来进行研究就显得更加有意义。

12.2　多功能静力触探用于浅层气勘探实验

为了验证多功能静力触探技术用于天然气及水合物勘探的可行性,探索其相关技术的工艺、流程及测量数据解释等方面的问题。特地选择了湖北省内沿江浅层气富集区进行了相关实验测试研究。

12.2.1　实验场地及地层特点

根据卢文忠[4]的论述,以及调研和现场踏勘所掌握的资料,结合当地的地形地貌,选取湖北省监利市容城镇同心村临江滩涂作为本次的试验场地。该村濒临长江,位于江汉平原的南端,居长江经济带的中游,与湖南省的华容县隔江相望,是武汉、荆州、岳阳三市经济辐射的三环交叠区。

该地区为第四纪地层,地质构造发育良好,属长江两岸阶地平原区生气源,岩性以河流及湖泊沼泽相的黏土、砂质黏土、砂及沙砾层为主[5]。在第四纪沉积物中,可作为气源层的湖泊沼泽相暗色沉积物,以下更新统及全新统较发育;作为储的沙砾层、砂层及泥质粉砂层,主要分布在中、下更新统及全新统;下更新统至全新统的黏土、砂质黏土是浅层气的良好盖层。

触探位置选择江边滩涂,地面高程为2~5 m,地下水位在地表下1.0 m左右,含浅层气砂土埋深约20 m,各土层基本物理性指标见表12-1。

表 12-1　多功能静力触探试验区的土层基本物理性指标

取样深度/m	土性	含水率/%	密度/(g/cm³)	备注
0~2.1	粉质黏土	21.3	1.95	可塑
2.1~6.0	淤泥质粉质黏土	25.1	2.01	可塑
6.0~10.0	淤泥	29.2	1.99	可塑
10.0~11.4	淤泥质粉质黏土	25.8	2.05	硬塑,夹少量粉砂
11.4~17.5	淤泥质黏土	24.3	1.96	可塑
17.5~22.0	粉细砂夹黏土	23.2	1.92	含黑色腐殖质及贝壳
22.0~31.2	淤泥质黏土	25.0	1.97	可塑
31.2~36.5	黏土	25.1	2.05	可塑—硬塑
36.5~46.2	粉细砂	23.2	1.92	含黑色腐殖质及贝壳
46.2~51.5	砂质黏土泥质砂	22.4	1.99	含较多粉砂薄夹层
51.5~54.3	黏土	25.0	2.02	可塑—硬塑
54.3~60.0	淤泥质黏土	24.9	1.99	可塑

12.2.2　多功能静力触探工艺的选择

　　孔隙水压力静力触探原位测试技术不仅能测得锥尖阻力和侧壁摩擦阻力,还可测得地下水位以下各地层的孔隙水压力及超孔隙水压力的消散过程,在区分砂层和黏性地层时,分辨率极高。另外,孔隙水压力静触探测试对土体扰动很小,其测试数据能最大限度地反映土体的真实性状。

　　通常储层中的天然气及水合物对地球物理测井响应有两种方式:一种只依赖于孔隙中天然气及水合物的含量,如核磁共振孔隙度和密度测井;另一种不但与天然气及水合物的含量有关,还取决于孔隙度下的孔隙介质与天然气及水合物的接触关系,如声波速度和电阻率测井。正因如此,在天然气及水合物勘探中常将电阻率和声波测井异常作为天然气及水合物存在的一个典型参数。

　　基于以上分析,为准确探测含气砂层的存在和分布范围,试验采用孔隙水压力静力触探接电阻率和声波速度探管,并结合钻探取样的施工工艺。其试验测试现场如图 12-1 所示。所取泥心如图 12-2 所示。

图 12-1　试验测试现场

图 12-2　钻探取心样本

12.2.3　试验过程分析

在现场进行静力触探试验时发现，当探头压入 17.5～22.0 m 和 36.5～46.2 m 两个深度处的砂层时触探孔内有明显的冒气现象，但未发生严重的气体喷发现象。多功能触探采集仪反映的数据显示，探头出现了锥尖阻力增大、摩阻比减小、孔隙水压力波动幅度变化小，且未出现负的超孔隙水压力同时发生的情况。根据前期尝试性试验的经验来判断，该层砂土中存在浅层生物气，而试验后钻探取样的结果也证实了该砂层中生物气的存在。

电阻率探管采用电位电极系组合测量方式，电阻率测量与触探钻井同步进行，电阻率曲线与触探曲线同时由 PC 机记录，在这种条件下无泥浆、泥饼侵入带等因素的影响。此外电极距很小且电极系紧贴井壁，因此上下地层的影响也很小，测得的视电阻率十分接近于岩层的真电阻率，分辨率较高。从曲线变化可以看出，在 15～24 m、36～44 m 孔段，电阻率曲线产生了一个跳变，从 $10\Omega\cdot m$ 上升到 $160\Omega\cdot m$，显示该孔段含油气，其地层为粉细砂岩层，与浅层气蕴含层的地层类型相一致。实测结果对气水界面反映相当清晰，即使厚度小于 1 m 的气层也可以被划分出来。

声波波速探管采用单发双收声系测量方式，发射—接收间距 50 cm，接收—接收间距 30 cm，声波波速测量与触探钻井同步进行。声波波速曲线图较直观地反映了所测钻孔的波速变化情况，即地层、岩性变化情况。所测孔的声波波速变化特征表明波速大致可分为两个部分：①1～15 m，24～36 m，44～60 m 区段波速普遍较低（平均速度为 2 km/s），曲线变化幅度较大，曲线形态呈锯齿状，反映为淤泥、松散黏土夹粉砂地层；②15～24 m，36～44 m 区段波速普遍较高（平均为 3.5 km/s）且变化幅度不大，曲线较平直（单向变化），判断为完整的粉砂岩层。实测结果对气水界面反映清晰、测试效果较好，声波波速测井曲线能够准确划分出 0.5 m 以上的地层。

试验测试数据如图 12-3 所示。

12.2.4　试验测试结果分析

从试验测试结果可以看出，在试验过程中虽然不能由多功能静力触探试验直接测定含气砂层气压的大小，但可以初步判断砂层是否含气。

含气砂层中由于孔隙间有一定数量的气体存在，探头进入砂层后，虽然砂层较密实、锥尖阻力较大，但探头所反映出来的超孔隙压力未出现负值，但经钻孔取样后，经过一定时间间隔，由于气体的逸散，原来由气体占据的孔隙大部分被水所充满，探头进入饱和度较高的砂层后，探头所反映出来的超孔隙压力明显出现负值。

上述现象产生是由于在探头贯入砂层时，紧密的砂土即使发生剪胀，孔隙内存在有压气体，因气体的可压缩性较大，探头贯入所引起的局部砂土体积变化不足以使气体的压力发生较大的变化；而当气压释放后，砂土内的孔隙被水充填，因水的胀缩性与气体相比小很多，砂土发生剪胀时，即出现负超孔隙压力。

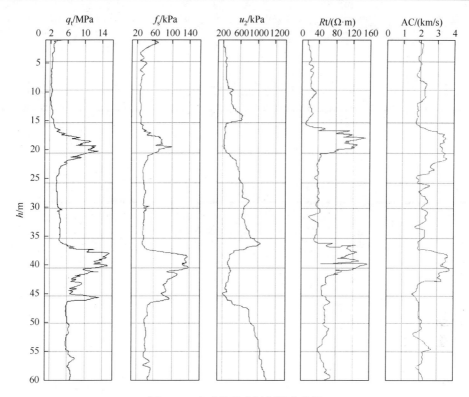

图 12-3　多功能静力触探测井曲线

12.3　测量曲线的小波分析与储层识别

　　下面就试验测试所获得的多功能静力触探测井曲线，结合钻探岩心资料，对该试验探孔测试数据进行分析。

　　在已知触探数据的情况下，我们可大致获知地层的划分形态。现在要做的是识别这组地层内部的一些特征信息。根据小波分析特征可知，高频能反映地层内部的细微特征，因此，这里采用 dl，d2（dl，d2 为高频波）相结合的方法来判断各小层。

　　分别选用 D-小波、Symlet 小波，Coiflet 小波三种不同的小波基对触探的 q_t 曲线和测井的 AC 曲线进行小波变换，并对其结果进行分析。

　　对 q_t 曲线和 AC 曲线进行多尺度小波分析时，因为处理后的细节信号曲线过零点所对应的斜率的变化趋势与岩性的变化趋势的对应程度很高，AC 曲线中尤其明显，所以我们在利用小波划分地层时采用过零点和模极大值点来判断。

12.3.1　q_t 曲线的多尺度分析

　　三种小波触探曲线的多尺度分析如图 12-4 所示。

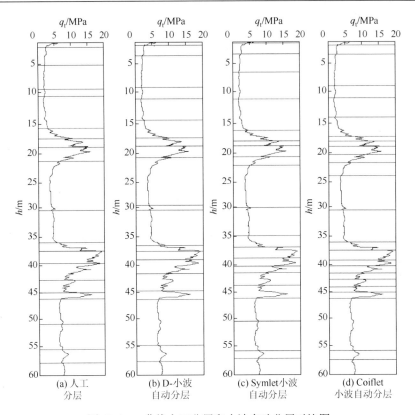

图 12-4　q_t 曲线人工分层和小波自动分层对比图

在图 12-4（a）中，q_t 的采样间隔为 0.125 m，人工分层为 19 个地层界面。

由图 12-4（b）可知，D-小波自动分层的界面也为 19 个，匹配的界面数为 14 个，匹配率为 73.68%。由对比可知，尽管人工分层界面和自动分层界面数目一样，但在局部深度两者的差异较大，人工分层结合岩性在 22～36 m 处划分了 2 段，而自动分层则划分出 3 段。这说明人工分层比较粗糙，细小的层没能划分出来，而高频小波在识别地层内部细小结构时较为灵敏。在 15～22 m、36～46 m 深度段两者的匹配性较好，结合岩性资料可知，这两段为细粉砂岩与泥岩的互层，这说明利用小波对 q_t 曲线进行变换后得出的自动分层在细粉砂泥岩互层的准确性较高。而在 46～55 m 深度，人工分层为 2 段，自动分层则为 1 段，说明高频小波在此处表现较为敏感。

由图 12-4（c）可知，Symlet 小波自动分层的界面为 21 个，比人工分层多了 2 个界面，匹配的界面为 15 个，匹配率为 78.94%。两者在大的分层界面基本一致，只有 16～22 m、36～46 m 两段界面划分的深度不一致，自动分层比人工分层分得更细，更加反映了地层内部的变化。与用 D-方法做出的自动分层相比，这种方法也能反映砂泥互层地层，并且所反映的地层内部变化更加细微。

由图 12-4（d）可知，Coiflet 小波自动分层的界面为 24 个，比人工分层多了 5 个界面，匹配的界面为 19 个，匹配率为 100%。但在 16～22 m、36～46 m 油气异常段划分得更加细微，说明自动分层对粉细砂夹黏土地层较为敏感，分辨率较高。

12.3.2　AC 曲线的多尺度分析

三种小波测井曲线的多尺度分析如图 12-5 所示。

在图 12-5（a）中，AC 的采样间隔为 0.125 m，人工分层为 17 个地层界面。

由图 12-5（b）可知，D-小波自动分层的界面为 18 个，比人工分层多了 1 个界面，匹配的界面为 15 个，匹配率为 88.23%。总的来说，与人工划分地层的匹配度较高，尽管有些界面两者的划分深度不一样，如 16～22 m、24～34 m 孔段，但利用小波对 AC 曲线进行变换后得出的自动分层在含油气的细粉砂岩与淤泥黏土地层中的准确性较高。

由图 12-5（c）可知，Symlet 小波自动分层的界面为 20 个，比人工分层多了 3 个，匹配的界面为 16 个，匹配率为 94.11%。15～24 m 这段岩性为粉细砂夹黏土，人工分层界面在自动分层界面上均有对应，自动分层划分得更细小。25～36 m 段深度呈“凸凹”状的夹层，自动分层虽能与人工分层匹配，但更加细微，说明应用此方法能够很好地识别该黏土层。

由图 12-5（d）可知，Coiflet 小波自动分层的界面为 25 个，比人工分层多了 8 个，匹配的界面为 17 个，匹配率为 100%。但在 24～36 m、37～42 m、50～61 m 三个孔段划分较为密集，说明自动分层对淤泥质黏土、粉细砂地层较为敏感，分辨率较高。

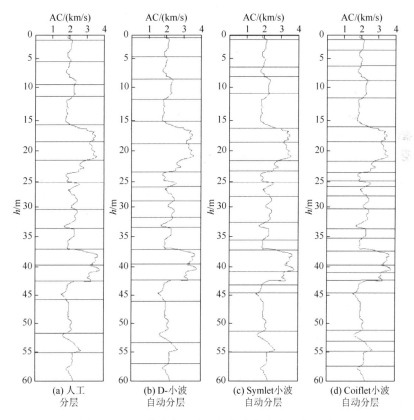

图 12-5　AC 曲线人工分层和小波自动分层对比图

通过对触探和测井曲线小波变换自动分层结果的分析，说明 q_t 曲线和 AC 曲线分层结果与人工分层的匹配度都较高。结合自动分层结果和岩性资料来看，砂泥岩界面均能很好地反映，这说明在地层岩石颗粒粒度发生变化时，小波自动分层的结果是可靠的；当对黏土层划分时，自动分层的结果也能反映出地层内部发生细微变化的界面。所以，利用小波对 q_t 曲线和 AC 曲线变换来进行地层划分是可行的，且分层准确。

参 考 文 献

[1] 郭爱国，孔令伟，陈建斌，等. 孔隙压力静力触探用于含浅层生物气砂土工程特性的试验研究[J]. 岩土力学，2007，28（8）：1539-1543.

[2] 林春明. 静力触探技术在钱塘江口全新统超浅层天然气勘探中的应用[J]. 南方石油地质，1995，1（4）：38-45.

[3] 陈中轩，来向华，廖林燕. 基于 MIP-CPT 技术的海底浅层气探测方法：以东海舟山海域为例[J]. 石油学报，2016，37（2）：207-213，229.

[4] 卢文忠. 中国东南沿海、长江中下游地区第四系浅层天然气分布及勘探前景[J]. 天然气工业，1998，18（3）：25-29.

[5] 黄泽新，罗小平. 洞庭盆地第四系生物气地质特征及远景分析[J]. 石油与天然气地质，1996，17（1）：62-67.

第 13 章　地基土的工程特性评价

静力触探试验可用于评价地基土的工程特性，主要包括：地基土的容许承载力、压缩性质，不排水抗剪强度（S_u），超固结比（OCR），灵敏度（S_t），砂土的相对密实度（D_r）、内摩擦角，土的压缩模量、变形模量，饱和黏土不排水模量，砂土初始切线弹性模量和初始切线剪切模量、地基承载力等。

13.1　黏性土的不排水抗剪强度

黏土的不排水抗剪强度（S_u）是地基处理、挖方斜坡工程的稳定性分析与评价的重要参数。一般地，S_u 是由室内的直剪试验或者是更为准确的三轴剪切试验确定的，而利用孔隙压力静力触探确定的 S_u 避免了钻探取样、室内实验过程中对土的扰动，是一种比较理想的方法。

S_u 不是一个单值参数，它与土体的破坏形式、土的各向异性、应变率和应力历史等因素有关。S_u 的选取主要取决于哪个因素应和各个实际问题相结合。例如，在高灵敏度土中，土的各向异性对 S_u 的影响较大，而在高塑性黏土中应变率又变成了主要因素。利用静力触探数据估算 S_u 的方法有很多，常用的主要有两种方法，一种是理论分析法，另一种是经验判别法。

13.1.1　理论分析法

在理论分析中，涉及的土力学的理论主要有以下 5 种。

（1）极限承载力理论。

（2）孔穴扩张理论。

（3）能量守恒结合圆孔扩张理论。

（4）数值方法模拟。

（5）应变路径理论。

由这些理论推导出了锥尖阻力 q_c 和强度 S_u 之间的关系如下：

$$q_c = N_c \cdot S_u + \sigma_0 \tag{13-1}$$

式中：N_c 为极限承载力系数；σ_0 为原位总的上覆土应力。

在这个关系的推导过程中，使用不同的理论，σ_0 的选取是不一样的，有时用到上覆应力或水平应力，有时用到平均应力。

最初的研究以极限承载力理论为基础，此种方法是把土体作为刚塑性材料，根据受力边界条件给出滑移线或者假定滑动面，并认为刚塑性材料的初始破坏很大程度上是由塑性区的形状决定的。

以孔穴扩张理论为基础的求解方法是将球面扩张的内压或在一定变形程度下的内压与锥尖阻力相联系，则在贯入的过程中，对锥尖进行动态分析，得到的锥尖阻力的动态解与用孔扩张理论得到的球穴极限膨胀内压联立，由此可以解出土的不排水抗剪强度的理论解。

1985 年 Baligh 提出了应变路径理论。他认为，由于贯入过程中存在严格的运动限制（上覆压力大，探头周围土体在高应力水平下深度重塑，强制性流动及不排水条件下土体不可压缩等），探头周围土体的变形和应变土的抗剪性质影响小。Baligh 称该类问题是由应变控制的。

由于锥头的贯入是一个非常复杂的过程，所有的这些理论只是对土性、土的破坏形式和土的边界条件等做了一个简单的假定。理论方法在模拟不同应力历史条件下的土性、土的各向异性、灵敏度、地质年代等方面有很大的局限性，理论的正确与否还需要通过现场测试和实验室数据验证。因此，工程师更喜欢通过经验公式求解土的强度。

13.1.2　经验判断法

在利用经验关系估算 S_u 的过程中，主要分为以下三种情况。

（1）通过总的锥尖阻力估算 S_u。
（2）通过有效的锥尖阻力估算 S_u。
（3）通过超孔隙压力估算 S_u。

1. 通过总的锥尖阻力估算 S_u

通过总的锥尖阻力估算 S_u 的公式如下：

$$S_u = \frac{q_c - \sigma_{v0}}{N_k} \tag{13-2}$$

式中：N_k 为经验锥头系数；σ_{v0} 为原位总的上覆应力。

在这个关系中，经验系数 N_k 的取值非常重要。Kjekstad（1978）等以室内三轴压缩试验的结果为参考，对于超固结黏土，N_k 的平均取值为 17[1]；Lunne 和 Kleven（1981）以十字板剪切试验为参考，对于正常固结海洋土，N_k 的取值为 11～19，平均取 15[2]。

此公式经后人修正和改进，引入修正的总的锥尖阻力 q_t，锥头系数 N_{kt}，则式（13-2）变成了如下的形式：

$$S_u = \frac{q_t - \sigma_{v0}}{N_{kt}} \tag{13-3}$$

Aas 等（1986）应用该公式，并通过对比室内实验得到的土体强度，建立了经验系数 N_{kt} 和塑性指数 I_p 之间的关系，如图 13-1 所示[3]。

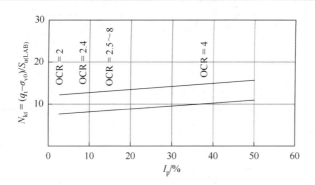

图 13-1　经验系数和塑性指数的关系

图 13-1 中：

$$S_{u(LAB)} = \left(S_{uc} + S_{ud} + S_{ue}\right)/3 \tag{13-4}$$

式中：S_{uc} 为三轴压缩试验得到的土体强度；S_{ud} 为三轴拉伸试验得到的土体强度；S_{ue} 为直剪试验得到的土体强度。

由图 13-1 可以看出，经验参数 N_{kt} 随着塑性指数的增大而增大。以三轴压缩试验得到的不排水抗剪强度作为参考，当塑性指数 I_p 为 3～50 时，N_{kt} 的取值为 8～16。然而不同的研究思路和试验方法均能得到不同的强度值，关于 N_{kt} 的取值范围，目前在国际上没有统一的标准。经过多年的实践，综合大量的研究成果，N_{kt}（N_k）的取值范围大概在 15～20，但是这个范围并不是唯一的，还需要大量的数据资料来验证。

2. 通过有效的锥尖阻力估算 S_u

1982 年，Senneset 和 Campanella 等提出了通过有效的锥尖阻力（q_e）估算 S_u[4]，这里的 q_e 和测定的锥尖阻力和孔隙水压力是不同的，而是由修正的锥尖阻力和孔隙水压力相减得到，经验公式表达如下：

$$S_u = \frac{q_e}{N_{ke}} = \frac{q_t - u_2}{N_{ke}} \tag{13-5}$$

式中：$N_{ke} = 9 \pm 3$。

3. 通过超孔隙水压力估算 S_u

Vesic、Battaglio、Henkel 和 Wade 等以孔穴扩张理论为基础，用理论或者半理论方法建立了超孔隙水压力 Δu 和 S_u 之间的相互关系：

$$S_u = \frac{\Delta u}{N_{\Delta u}}, \quad (\Delta u = u_2 - u_0) \tag{13-6}$$

根据孔穴扩张理论，得出 $N_{\Delta u}$ 的取值范围为 2～20。

Massarch 和 Broms 根据孔穴扩张理论，并通过应用 Skempton 的破坏面上孔隙水压力系数 A_f，考虑到超固结和敏感性的影响，提出了 $N_{\Delta u}$ 的半经验解公式，如图 13-2 所示。很明显，有关剪切模量 G 或塑性指数的资料有助于估算 S_u，在进行静力触探试验中增加剪切波速测量是一种很有希望的方法，用它可以单独测量剪切模量。

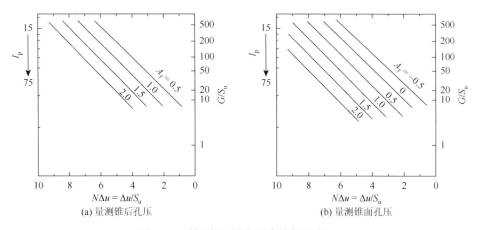

(a) 量测锥后孔压　　　　　　　　　　　(b) 量测锥面孔压

图 13-2　利用超孔隙水压力估算强度 S_u

如果在靠紧锥头后部测量孔隙水压力，测出的值可能达不到按照圆柱扩张理论计算的孔隙水压力。所以用紧靠锥头后的孔隙水压力根据图 13-2 估算的 S_u 可能稍高。

虽然图 13-2 是以孔穴扩张理论为基础，但它实质上还是半经验的，应用图 13-2 的好处是能为正确选择经验参数 $N_{\Delta u}$ 提供合理的指导。

13.2　黏性土的灵敏度

土力学中将黏性土的灵敏度定义为黏性土的原状土无侧限抗压强度与原状土结构完全破坏的重塑土（保持含水率和密度不变）的无侧限抗压强度的比值，称为灵敏度（S_t），即

$$S_t = \frac{q_u}{q_u'} \tag{13-7}$$

式中：q_u 为原状土的无侧限抗压强度；q_u' 为重塑土的无侧限抗压强度。

灵敏度反映了黏性土结构性的强弱，当黏性土结构受到扰动时，土的强度就降低，但静置一段时间后，土的强度又逐渐增长，这是由于土的结构逐渐恢复。例如，在黏性土中打入预制桩，桩周土的结构受到破坏，强度降低，使桩容易打入，当打桩停止后，土的一部分强度恢复，使桩的承载力提高。在滩涂工程中，经常使用预制桩，所以测定滩涂土的灵敏度有非常重要的意义。

测定土体的灵敏度，常用的方法是通过室内无侧限抗压强度试验，但是该试验即费时，又烦琐，在工程中难以应用。为了简化测定土体灵敏度的过程，并保证灵敏度试验结果的准确性，可以利用孔隙压力静力触探数据进行计算。

Schmertmann 提出了计算灵敏度 S_t 的公式[5]，如下：

$$S_t = \frac{N_s}{R_f} \tag{13-8}$$

式中：R_f 为摩阻比，$R_f = \dfrac{f_s}{q_t}$；f_s 为实测侧壁摩擦阻力；q_t 为实测锥尖阻力；N_s 为常数。

Schmertmann 建议 N_s 的取值为 15。1988 年 Robertson 和 Campanella 通过对比贯入试验和十字板剪切试验，建议 N_s 的平均取值为 6。

通过对大量的工程实测资料的分析可以发现，侧壁摩擦阻力 f_s 近似等于重塑土的不排水抗剪强度，由图 13-3 中的例子可以发现。

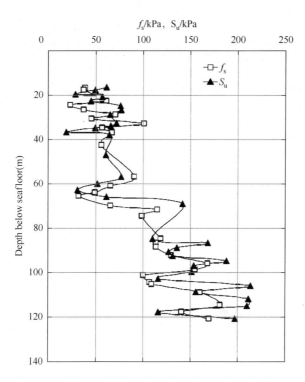

图 13-3　重塑土不排水抗剪强度与侧壁摩擦阻力的对比

由此可以看出，在计算黏土的灵敏度时，可以通过锥尖阻力 q_c 和孔隙水压力 u 计算原状土强度值，利用侧壁摩擦阻力 f_s 估算重塑土的不排水抗剪强度，然后计算灵敏度 S_t。

虽然现场十字板剪切试验是测定土体灵敏度更好的方法，但是对于一些水域土体的测定，十字板剪切试验是很难进行的，所以可以通过静力触探测试得到的数据估算灵敏度。当 N_s 取 6～9 值时，平均值 7.5 是最常用的。当 N_s 在其他经验关系中使用时，却难以找到一个有效的 N_s 值去计算黏土的灵敏度，因为 N_s 的取值还跟黏土的矿物成分、OCR 等因素有关。

通过上面的描述，我们可以发现，利用静力触探资料估算黏土的灵敏度时，侧壁摩擦阻力是非常重要的一个参数，但是在静力触探过程中，很难准确地测出侧壁摩擦阻力，这样就直接影响了灵敏度的估算。

13.3　黏性土的超固结比

天然土层在历史上所受过的最大有效固结压力，称为先期固结压力，它与现有压力的比值称为超固结比，用 OCR 表示。

$$OCR = \frac{p'_c}{\sigma'_{v0}} \qquad (13-9)$$

现有上覆盖土压力 σ'_{v0} 可直接从测得的浮容重计算得出，同时前期有效应力或前期固结压力 p'_c 可从固结试验结果中得出。另外，OCR 可从土的强度特性和静力触探结果中估算得出。

1957 年 Skempton 给出了利用实验室结果，通过黏性土的不排水抗剪强度 S_u、塑性指数 I_p、有效上覆盖土压力 σ'_{v0} 估算 OCR：

$$OCR = \left(\frac{S_u}{S_{u.nc}}\right)^{1/2} \qquad (13-10)$$

式中：$S_{u.nc} = \sigma'_{v0}(0.11 + 0.0037 I_p)$。

20 世纪 80 年代以来，建立了许多 OCR 和多种规划的孔隙压力和规划的锥尖阻力之间的关系式。从静力触探数据估算 OCR 可概括为以下三种方法。

13.3.1　不排水抗剪强度方法

Schmertmann 提出的下列步骤用于估算 OCR[6]。

（1）根据 13.1.2 节的方法估算 S_u。

（2）利用实验室结果计算有效上覆盖土压力 σ'_{v0} 和计算 S_u/σ'_{v0} 值。

（3）用实验结果或估算的塑性指数 I_p 估算相关的正常固结的 S_u/σ'_{v0} 值。

（4）根据图 13-4 估算 OCR[7]。

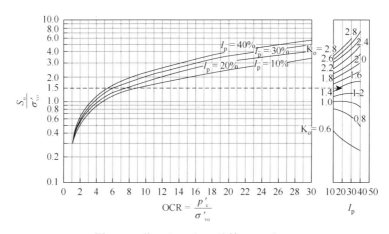

图 13-4　从 S_u/σ'_{v0} 和 I_p 估算 OCR 和 K_0

13.3.2 静力触探数据剖面形状方法

锥尖阻力剖面的形状能大致给出先期固结压力。对于正常固结的黏土，式（13-11）可用来估算规划锥尖阻力的变化范围：

$$Q_t = \frac{q_t - \sigma_{v0}}{\sigma'_{v0}} = 2.5 \sim 5.0 \quad （受 I_p 值控制） \tag{13-11}$$

如果沉积物的规划锥尖阻力大于上述范围，那么此沉积物为超固结土。

13.3.3 直接依靠静力触探数据方法

Baligh 指出，不排水的探头贯入时测得的孔隙水压力能反映黏性土的应力历史[8]。

Lunne 等根据不扰动土样的试验结果，给出了试验结果和静力触探数据的修正关系图[9]，如图 13-5 所示。

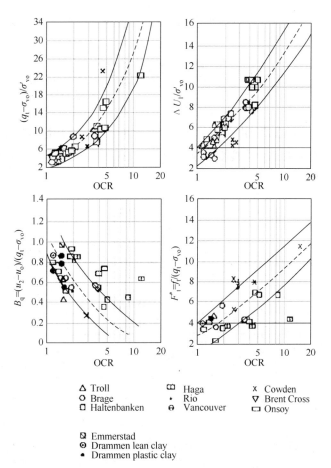

图 13-5 OCR 和经验修正值和规一化的静力触探参数的关系图

Sully 等提出了，规划孔隙水压力不同值 PPD 和 OCR 有关[10]。当 OCR 大于 10 时，可用式（13-12）计算：

$$OCR = 0.66 + 1.43(PPD) \tag{13-12}$$

式中：$PPD = (u_1 - u_2)/u_0$，u_0、u_1、u_2 分别为原位孔隙压力、锥尖测得的孔隙压力、紧接锥头测得的孔隙压力。

Mayne 根据孔穴扩展理论和临界状态理论，提出了以下修正公式[11]：

$$OCR = 2\left[\frac{1}{1.95M + 1}\left(\frac{q_t - u_2}{\sigma'_{v0}}\right)\right]^{1.33} \tag{13-13}$$

式中：$M = \dfrac{6\sin\varphi'}{3 - \sin\varphi'}$，称为临界状态直线的斜率。

根据上述分析方法及业界人员在实际工作和分析中的经验，推荐采用下面的公式估算 OCR：

$$OCR = k\left(\frac{q_t - \sigma_{v0}}{\sigma'_{v0}}\right) = k\left(\frac{q_{net}}{\sigma'_{v0}}\right) \tag{13-14}$$

式中：k 的取值为 0.2～0.5，平均值为 0.3。建议在超固结的黏性土中 k 取高值[12]。

13.4　砂土的相对密度

对于砂土，相对密度（D_r）是一个用于工程设计的主要土质参数。通过大量的三轴标定箱砂土静力触探试验，表明在由静力触探确定砂土的 D_r 时其压塑性和粒径是影响 D_r 的主要因素。砂土的锥尖阻力主要受砂土的密实度、原位垂直和横向有效应力和砂的压塑性影响。

Baldi 等提出了计算相对密度的公式如下：

$$D_r = \frac{1}{C_2}\ln\frac{q_c}{C_0(\sigma'_{v0})^{C_1}} \tag{13-15}$$

式中：q_c 为锥尖阻力；σ'_{v0} 为有效上覆应力；C_0、C_1、C_2 为土性参数，见表 13-1[14-15]。

表 13-1　C_0、C_1、C_2 值

作者	C_0	C_1	C_2	备注
Schemertmann[13]	172	0.51	2.73	NC-Ticino 砂土
	88	0.55	3.57	OC-Ticino 砂土
Baldi 等[14]	157	0.55	2.41	NC-Ticino 砂土

注：Ticino 砂为未胶结中等压缩性的中细石英砂（K_0=0.45）

为了根据静力触探数据估算砂土的相对密度，首先要确定三轴标定箱试验时的水平有效应力和砂土的压缩性。不同的 C_0、C_1、C_2 对应的相对密度公式和图形是不同的。

当 $C_0 = 157$，$C_1 = 0.55$，$C_2 = 2.41$ 时，式（13-15）可写成

$$D_r = \frac{1}{2.41}\ln\frac{q_c}{157(\sigma'_{v0})^{0.55}} \tag{13-16}$$

式（13-16）用于中等可压缩、正常固结的、未胶结砂土的相对密度估算，其对应的图形如图 13-6（a）所示。

当 $C_0 = 181$，$C_1 = 0.55$，$C_2 = 2.61$ 时，式（13-15）可写成

$$D_r = \frac{1}{2.61}\ln\frac{q_c}{181(\sigma'_{v0})^{0.55}} \tag{13-17}$$

式（13-17）用于超固结砂土的相对密度估算，其对应的图形如图 13-6（b）所示。

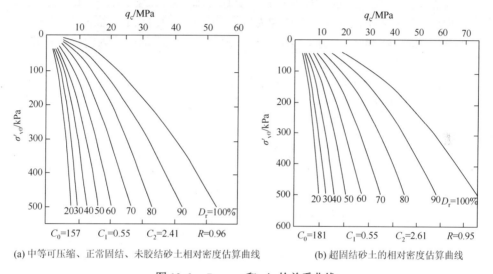

(a) 中等可压缩、正常固结、未胶结砂土相对密度估算曲线　　　(b) 超固结砂土的相对密度估算曲线

图 13-6　D_r、q_c 和 σ'_{v0} 的关系曲线

Kulhawy 和 Mayne 提出了更为简化的砂土相对密度的计算公式：

$$D_r^2 = \frac{q_{c1}}{305q_c \cdot q_{OCR} \cdot q_A} \tag{13-18}$$

式中：q_{c1} 为归一化贯入阻力，$q_{c1} = \dfrac{(q_c/p_a)}{(\sigma'_v/p_a)^{0.5}}$；$p_a$ 为大气压，通常为 0.1 MPa；q_c 为压缩系数，$0.91 < q_c < 1.09$；q_{OCR} 为超固结系数，$q_{OCR} = OCR^{0.18}$；q_A 为时效参数。

压缩系数 q_c 的取值如下：

0.91 为低压缩性土；1.00 为中压缩性土；1.09 为高压缩性土。

通过与标贯试验相对比，Kulhawy 和 Mayne 提出了时效参数的计算公式：

$$q_A = 1.2 + 0.05\log\left(\frac{t}{100}\right) \tag{13-19}$$

这样，砂土相对密度 D_r 的计算公式就变成了如下形式：

$$D_r^2 = \frac{1}{305q_c \cdot OCR^{0.18} \cdot q_A} \cdot \frac{(q_c/p_a)}{(\sigma'_v/p_a)^{0.5}} \tag{13-20}$$

13.5　土的比贯入阻力

探头在贯入土体过程中受到的阻力与锥头面积的比值,称为贯入阻力,包含锥尖阻力、侧壁摩擦阻力和比贯入阻力。比贯入阻力是指在单桥静力触探中,探头贯入时所受阻力与探头锥底截面积之比,常用 p_s 来表示。锥尖阻力是指在双桥静力触探中,锥头所受的阻力与探头锥底截面积之比,常用 q_c 来表示,此外双桥静力触探中还有可以测试侧壁摩擦阻力,常用 f_s 来表示。由于单桥静力触探有较长的应用历史,国内外均有了较成熟的经验公式,即 p_s 已经积累了较多的经验值。随着技术进步,双桥静力触探已经成为在工程实践中应用较广的仪器。但在计算双桥静力触探参数时,国内在这方面的经验值较少,因此存在如何对双桥静力触探中的锥尖阻力和单桥静力触探中的比贯入阻力进行换算这个问题。

20 世纪 70 年代,国内很多单位对锥尖阻力和比贯入阻力的相关关系进行了研究,得到表 13-2 的经验关系式。

表 13-2　q_c 与 p_s 的关系

序号	公式	适用范围	公式来源
1	$q_c = 0.91p_s$	各类土层	中国铁道科学院铁道建筑研究所
2	$q_c = 0.89p_s - 0.31$	各类土层	中国建筑科学研究院勘察技术所
3	$q_c \approx 0.85p_s$	南京局部黏性土	东南大学
4	$q_c = (0.80 \sim 0.86)p_s$	黏性土	原湖北综合勘察院
5	$q_c = 0.8p_s + 0.04$	黏性土	湖北电力勘测设计院
6	$q_c = 0.815p_s + 0.05$	黏性土,砂类土	上海市城市建设设计设计院
7	$q_c = 0.816p_s - 0.0012$	黏性土	原机械委三勘院
8	$q_c = (0.80 \sim 0.86)p_s$	—	中国中铁建工集团
9	$q_c = 0.814p_s - 0.09$	—	原陕西综合勘察院
10	$q_c = 0.75p_s$	北京地区	北京勘察设计研究院有限公司
11	$p_s = 1.283q_c - 0.049$	软土、一般黏性土和老黏土	中南电力设计院
12	$p_s = 1.227q_c - 0.06$	黏性土	华东电力设计院
13	$p_s = 1.093q_c + 0.358$	砂类土	上海市城市建设设计设计院

通过对比发现,表 13-2 中的关系式基本上都符合特定的规律,即比贯入阻力与锥尖阻力呈线性函数关系。但这也存在一个问题,没有考虑到双桥静力触探中的侧壁摩擦阻力的影响。同时,每个公式都有其适用的区域性。

《铁路工程地质原位测试规程》(TB 10018—2018)中第 10.5.4 条规定[16]:单桥静力触探的比贯入阻力和双桥静力触探的锥尖阻力可以按照式(13-21)进行换算:

$$p_s = 1.1q_c \tag{13-21}$$

根据双桥静力触探在黄河流域湿陷性黄土地区的长期应用和经验总结,单桥静力触探的比贯入阻力和双桥静力触探的锥尖阻力可以按照式(13-22)~式(13-24)进行换算。

黏性土:

$$p_s = 1.227 q_c - 0.0613 \qquad (13\text{-}22)$$

粉土:

$$p_s = q_c + 0.0064 f_s \qquad (13\text{-}23)$$

砂性土:

$$p_s = 1.093 q_c - 0.365 \qquad (13\text{-}24)$$

经过大量工程实践证明,以上换算公式在该地区有很好的适用性。

13.6　土的压缩与变形模量

大量研究成果表明,在临界深度以下贯入时,土体压缩变形起着重要作用,因此,无论在理论上还是在锥尖阻力(q_c)或比贯入阻力(p_s)与土的压缩模量(E_s)和变形模量(E_0)的数理统计分析方面,都反映了 q_c(或 p_s)与 E_s 和 E_0 等变形指标有某种很好的关系。

13.6.1　黏性土

国外黏性土的压缩模量一般按式(13-25)进行计算:

$$E_s = \alpha \cdot q_c \qquad (13\text{-}25)$$

式中:α 为经验系数。

经验系数 α 的取值见表 13-3[16]。

表 13-3　经验系数 α 的取值

土类	q_c/MPa	W/%	α
低塑性黏土	<0.7	—	3~8
	0.7~2.0	—	2~5
	>2.0	—	1~2.5
低塑性粉土	>2.0	—	3~6
	<2.0	—	1~3
高塑性粉土和黏土	<2.0	—	2~6
有机质粉土	<1.2	—	2~8
	—	50<W<100	1.5~4
泥炭和有机质黏性土	—	100<W<200	1~1.5
	—	W<200	0.4~1

注:W 指含水量。

国内不少单位建立起了自己的经验关系，现摘其主要公式列于表 13-4、表 13-5。

表 13-4　国内有关单位估算黏性土压缩模量的经验公式

序号	公式	适用条件	公式来源
1	$E_s = 3.11p_s + 1.14$	上海黏性土	同济大学
2	$E_s = 4.13p_s$	黏性土（$I_p > 7$）和软土 $p_s \leqslant 1.3$	中铁第一勘察设计院
3	$E_s = 2.14p_s + 2.17$	黏性土（$I_p > 7$）和软土 $p_s > 1.3$	
5	$E_s = 3.63p_s + 1.20$	软土，一般黏性土 $p_s < 5$	中交第一航务工程局
6	$E_s = 3.72p_s + 1.26$	软土，一般黏性土 $0.3 \leqslant p_s < 5$	武汉市静力触探联合实验组
7	$E_s = 2.94p_s + 1.34$	$0.24 \leqslant p_s < 3.33$	天津市勘察设计院集团有限公司
8	$E_s = 4.6p_s - 6.27$	$1.0 \leqslant p_s < 3.5$	原湖北勘察设计研究院
9	$E_s = 1.16p_s + 3.45$	新近沉积土（$I_p > 10$）$0.5 \leqslant p_s < 6$	中铁第四勘察设计院
10	$E_s = 1.34p_s + 3.40$	黏性土及新近沉积土 $0.3 \leqslant p_s < 10$	
11	$E_s = 3.66p_s - 2.0$	新黄土（$I_p \leqslant 10$）$0.3 \leqslant p_s < 6.5$	

表 13-5　国内有关单位估算黏性土变形模量的经验公式

序号	公式	适用条件	公式来源
1	$E_0 = 9.79p_s - 2.63$	软土，一般黏性土 $0.3 \leqslant p_s < 3$	武汉市静力触探联合实验组
2	$E_0 = 11.77p_s - 4.69$	老黏性土 $3 \leqslant p_s < 6$	
3	$E_0 = 6.03p_s^{1.46} + 2.08$	软土，一般黏性土 $0.085 \leqslant p_s < 2.5$	中铁第四勘察设计院
4	$E_0 = 3p_s + 2.87$	新近沉积土（$I_p > 10$），$0.5 \leqslant p_s < 6$	中铁第一勘察设计院
5	$E_0 = 2.3p_s + 1.99$	黏性土及新近沉积土（$I_p \leqslant 10$），$0.5 \leqslant p_s < 10$	
6	$E_0 = 13.09p_s + 0.64$	新黄土（东南带），$0.5 \leqslant p_s < 5$	
7	$E_0 = 5.95p_s + 1.4$	新黄土（东南带），$1 \leqslant p_s < 5.5$	
8	$E_0 = 5p_s$	新黄土（北部边缘带），$1 \leqslant p_s < 6.5$	建设综合勘察研究设计院
9	$E_0 = 6.06p_s - 0.90$	软土，一般黏性土，$p_s < 1.6$	
10	$E_0 = 3.55p_s - 6.65$	粉土，$p_s > 4$	

13.6.2　砂土

砂土的压缩模量（E_s）和变形模量（E_0）与静力触探的锥尖阻力（q_c）和比贯入阻力（q_s）均有一定的关系。如我国《铁路工程地质原位测试规程》（TB 10018—2018）提出估算饱和砂类土 E_s 的经验值见表 13-6、表 13-7。

用静力触探试验的锥尖阻力（q_c）或比贯入阻力（p_s）估算砂土变形模量（E_0）的关系式见表 13-8。

表 13-6　饱和砂类土 E_s 的经验值

p_s/MPa	0.5	0.7	1.0	1.3	1.8	2.5	3.0	4.0
E_s/MPa	2.6～5.0	3.2～5.4	4.1～6.0	5.1～7.5	6.0～9.0	7.5～10.2	9.0～11.5	11.5～13.0

表 13-7　饱和砂类土 E_s 的经验值

p_s/MPa	5.0	6.0	7.0	8.0	9.0	11.0	13.0	15.0
E_s/MPa	13.0～15.0	15.0～16.5	16.5～18.5	18.5～20.0	20.0～22.5	24.0～27.0	28.0～31.0	35.0

表 13-8　砂土 E_0 的关系式

序号	公式	适用条件	公式来源
1	$E_0 = 3.57p_s$	粉、细砂	中铁第一勘察设计院
2	$E_0 = 2.5p_s$	中、细砂	中煤科工集团沈阳设计研究院
3	$E_0 = 3.4p_s + 13$	中密—密实砂土	苏联规范 CH-448-72

13.7　静力触探参数与土的压缩模量的相关性

　　国内外已经利用静力触探参数确定土的压缩模量进行了相关研究，取得了一定成果。这里根据前人的研究成果，结合黄河流域湿陷性黄土地区经过筛选剔除异常值的粉性土和黏性土各 35 组工程测试数据进行分析统计。

13.7.1　粉性土

　　对于粉性土，散点图如图 13-7 所示。

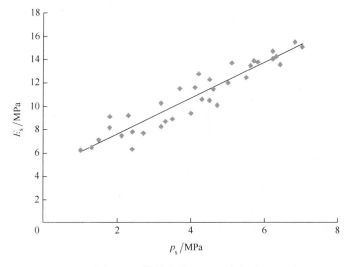

图 13-7　粉性土的 E_s-p_s 散点图

经分析可知，压缩模量随比贯入阻力的增大而增大，呈一元线性关系，利用最小二乘法原理得到以下经验关系式：

$$E_s = 1.54 p_s + 4.55, \quad 1 \leqslant p_s \leqslant 7.0 \qquad (13\text{-}26)$$

其中，相关系数 $r = 0.942$，表明该经验公式拟合程度较好。

13.7.2　黏性土

对于黏性土，散点图如图 13-8 所示。

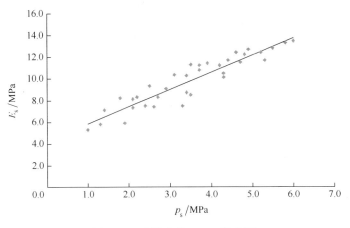

图 13-8　黏性土的 E_s - p_s 散点图

经分析可知，压缩模量和粉性土一样，随比贯入阻力的增大而增大，呈一元线性关系，利用最小二乘法原理得到以下经验关系式：

$$E_s = 1.58 p_s + 4.28, \quad 1 \leqslant p_s \leqslant 6.0 \qquad (13\text{-}27)$$

其中，相关系数 $r = 0.930$，表明该经验公式拟合程度较好。

对于砂性土，《铁路工程地质原位测试规程》（TB 10018—2018）中估算砂性土的经验值在该地区可以较好地应用。

式（13-26）和式（13-27）是由黄河流域湿陷性黄土地区 35 组工程测试数据拟合而成的，但公式的精确性和可靠性仍需要在工程实践中进一步检验和完善。

参 考 文 献

[1]　KJEKSTAD O，LUNNE T，and CLAUSEN C J F. Comparison between in situ cone resistance and laboratory strength for over-consolidated north sea clays[J]. Marine　Geotechnology，1978，3（1）：23-36 .

[2]　LUNNE T ，KLEVEN A. Role of CPT in North Sea foundation engineering，Session at the ASCE National Convention：Cone Penetration Testing and Materials[J].American Society of Engineers（ASCE），1981：76-107.

[3]　AAS G，LACASSE S，LUNNE T，et al. Use of in-situ tests for foundation design on clays[J]. American Society of Engineers（ASCE），1986：1-30.

[4]　CAMPANELLA R G，GILLESPIE D，ROBERTSON P K. Pore pressure during cone penetration testing[C]// Proceedings of the 2nd European Symposium on Penetration Testing，ESOPT-II，Amsterdam，Balkema Pub .，Rotterdam，1982：1-21.

[5]　　SCHMERTMANN J H. Measurement of in situ shear strength[C]// Proceedings of the ASCE Specilaity Conference on In Situ Measurement of Soil Properities，Raleigh，North Carolina，American Society of Engineers（ASCE），1975（2）：57-138.

[6]　　SCHMERTMANN J H. Penetration pore pressure effects on quasi-static cone bearing[C]// Proceedings of the European Symposium on Penetration Testing，ESOPT，Stockholm，1974，2（2）：51-345.

[7]　　ANDRESEN A，BERRE T，KLEVEN A，et al. Procedures used to obtain soil parameters for foundation engineering in the North Sea[J]. Marine geotechnology，1979，3（3）：66-201.

[8]　　BALIGH M M. Undrained deep penetration，I：Shear Stresses[J]. Geotechnique，1986，36（4）：85-471.

[9]　　LUNNE T，LACASSE S，RAD N S. SPT，CPT，pressuremeter testing and recent developments on in situ testing of soils[C]//Gerenal Report from the 12th International Conference on Soil Mechanics and Foundation Engineering，Rio de Janeiro，Balkema Pub.，Rotterdam，1989，4：403-2339.

[10]　SULLY J P，CAMPANELLA R G，ROBERTSON P K. Oversolidation ratio of clays from penetration pore water pressures[J]. Journal of Geotechnical Engineering，ASCE，1988，114（2）：15-209.

[11]　MAYNE P W. Determination of OCR in clays by piezocone tests using cavity expansion and critical state concepts[J]. Soils and Foundations，1991，31（2）：65-76.

[12]　POWELL J J M，QUARTERMAN R S T. The interpretation of cone penetration tests in clays，with particular reference to rate effects[C]//Proceedings of the International Symposium on Penetration Testing，ISPT-1，Orlando，Balkema Pub.，Rotterdam，1988，2：10-903.

[13]　SCHMERTMANN J H. Guidelines for cone penetration test，performance and design，US Federal Highway Administration Washington DC[R].FHWA-TS-78-209，1978：145.

[14]　BALDI G，BELLOTTI R，GHIONNA V，et al. Interpretation of CPTs and CPTUs：2nd part： Drained Penetration of Sands[C]//Proceedings of the Fourth International Geotechnical Seminar，Singapore，1986：56-143.

[15]　国家铁路局.《铁路工程地质原位测试规》（TB 10018-2018）[S]. 2018.

[16]　中国有色金属工业协会.《静力触探试验规程》（YS5223-2019）[S]. 2019.

第 14 章　土体的液化机理与评判

土体液化是工程设计中非常关注的一个问题，尤其是对于砂土或者砂质粉土地基。判断砂土液化的主要方法之一是标准贯入法，它的应用历史长，经验最多，国内外普遍采用，但其试验结果的离散性大，精度较低。因此，人们探索用其他轻便有效的原位测试方法来判断砂土能否液化。静力触探法就是一种轻便有效的判断砂土液化特性的方法。

14.1　土体液化综述

14.1.1　土体液化的基本概念

1978 年，美国岩土工程学会对土体液化的行为和过程进行了定义[1]。从工程性质来看，土体液化前后最大的区别在于土颗粒间作用力是否存在。由孔隙水和土颗粒可以组成多孔两相介质，这种状态的沉积物被称作饱和土体。在受到地震或波浪循环荷载作用后，土体可能发生液化，其中，瞬间剧烈振动一般是由地震引起的，导致孔隙水压力急剧增大，当颗粒间有效应力为零时即发生液化。波浪会引起土体颗粒周期性往复振动，若土体渗透性较差，会致使孔隙水压力累积、增加，当增大至上覆土体总应力时就会发生液化。关于液化的研究，主要分为两个方面，一是通过理论、试验和数模等研究其机理；二是研究液化的灾害属性，对其产生的危害进行评估，并探寻预防措施和整治方法。

14.1.2　土体液化的定义

1. 液化的条件

土体发生液化时，需同时符合下列三个条件。

（1）土质为疏松或稍密的粉砂、细砂或粉土。

（2）土层处于地下水位以下，呈饱和状态。

（3）遭遇大、中地震。

2. 液化的机理

饱和粉砂与粉土主要是单粒结构，处于不稳定状态。在强烈的地震作用下，疏松不稳定的砂粒与粉粒移动到更稳定的位置，土体有变得更紧密的趋势，但地下水位下土的孔隙已完全被水充满，在地震作用的短暂时间内，土中的孔隙水无法排出，砂粒与粉粒位移至孔隙水中被漂浮，此时土体的有效应力为零。当有效应力完全消失时，砂层完全失去抗剪强度和承载力，变成像液体一样的状态。

3. 液化的分类

1）流动液化

流动液化仅适用于外荷作用下发生应变软化的土体，并作如下要求。

在不排水加载条件下，土体的应变软化反应导致剪切应力和有效应力的产生，在静载或者循环荷载作用下，流动液化都可能产生。原位状态下的剪切强度大于最小不排水剪切强度。土体发生破坏，如边坡失稳，必须有大量的土单元产生了应变软化，由此产生的土体破坏可能是滑动破坏还可能是流动破坏，主要由土性和边坡的几何性状来决定。流动液化可以在任何相对饱和的土体中，如松散的细粒土、灵敏性较高的黏土和粉土等。

2）循环软化

循环软化即适用于发生应变软化的土体也适应于发生应变硬化的土体，分别定义为循环液化和循环流动。如果土体发生应变硬化，流动液化就不会发生。然而在不排水循环荷载作用下，可能会发生循环软化。在循环荷载作用下，土体的变形量主要和颗粒的大小、循环荷载的持续时间还有剪应力是否发生逆转有关。如果剪应力发生了逆转，有效应力不存在，这时就有可能发生循环液化。当有效应力为零时，土体就会发生大的变形。如果剪应力没有发生逆转，就存在有效应力，通常土体的变形也会很小，这时可能会发生循环流动。

如果砂土的上覆层是低渗透性土，就会限制砂土的循环液化和排水路径，因为孔隙水压力的重新分布，砂层表面的土就会变得松散，可能会导致流动液化。

14.2　土体液化判别法

当前，如何判别多种液化情况，最重要的是要对动力作用和土层极限抵抗力进行比较。当土体本身极限抵抗能力小于外界动力作用强度，则有可能导致土体液化的发生；当外界动力作用强度小于土体本身极限抵抗能力时，一般认为不发生液化。现在已有的判别方法大体分为地震液化判别与波浪作用下液化判别，其中地震液化判别有：基本判别法、标准贯入法、静力触探法、剪应变法、能量判别法等。波浪作用下导致的液化判别方法有：比较土层抗液化剪应力与波浪荷载振动剪应力大小、比较土体超孔隙水压力与上覆有效应力大小等方法。这里主要论述地震作用下浅层土体的液化评判理论。

14.2.1　基本判别法

根据建筑抗震设计规范，饱和的砂土或粉土（不含黄土），只要符合下列条件之一，都可以初步将粉土和砂土（不包含黄土）判定为不可液化或是不必考量液化的影响[2]。

（1）第四纪晚更新世和以前的地质年代的土层，地震烈度为 7 度、8 度时可视为不液化。

（2）粉土的黏粒（粒径＜0.005 mm 的颗粒）含量在地震烈度为 7 度、8 度和 9 度时分别不小于 10%、13% 和 16% 的土层，即可认定为非液化土。

（3）如果属于浅埋的天然地基建筑，只要符合下列几个情况之一，可以不考虑该地基的液化影响：

$$d_u > d_0 + d_b - 2 \tag{14-1}$$

$$d_w > d_0 + d_b - 3 \tag{14-2}$$

$$d_u + d_w > 1.5 d_0 + 2 d_b - 4.5 \tag{14-3}$$

式中：d_w 为地下水位深度；d_u 为上部覆盖非液化土层厚度；d_b 为基础埋深；d_0 为液化土特征深度。

14.2.2　标准贯入法

胜利油田黄河三角洲埕岛海域采区海底地层勘查时，抗震设防烈度按照 7 度和 8 度考虑，勘查海底地层≤15 m，地震液化判别采用标准贯入法[3]。

其液化判别贯入锤击数的临界值计算公式：

$$N_{cr} = N_0 [0.9 + 0.1(d_s - d_w)] \sqrt{\frac{3}{\rho_c}}, \quad d_s \leqslant 15 \tag{14-4}$$

式中：N_{cr} 为标准贯入锤击数临界值；N_0 为标准贯入锤击数基准值；d_s 为饱和土标准贯入点深度；d_w 为地下水位埋深；ρ_c 为黏粒质量系数。

液化土层的每个钻孔的液化指数 I_{LE} 为[4]：

$$I_{LE} = \sum_{i=1}^{n} \left(1 - \frac{N_i}{N_{\sigma i}} \right) d_i W_i \tag{14-5}$$

式中：I_{LE} 为土层液化指数；n 为判别深度范围内每一个钻孔标准贯入试验点的总数；N_i、$N_{\sigma i}$ 为 i 点标准贯入锤击的实测值和临界值；d_i 为 i 点代表的土层厚度；W_i 为 i 点土层单位厚度的层位影响权函数。

I_{LE} 被用于综合评定地层的液化等级，见表 14-1。

表 14-1　液化指数与液化等级划分

液化等级	轻微	中度	严重
液化指数 I_{LE}	$0 < I_{LE} \leqslant 6$	$6 < I_{LE} \leqslant 18$	$I_{LE} > 18$

14.2.3　静力触探法

采用单桥探头或双桥探头静力触探试验法进行判别时，饱和土静力触探液化的比贯入阻力临界值 $p_{x\gamma}$ 或锥尖阻力临界值 $q_{\alpha\gamma}$ 分别按照式（14-6）和式（14-7）计算：

$$p_{x\gamma} = 1.13 \alpha_p p_{30} [1 - 0.05(d_u - 2)] \tag{14-6}$$

$$q_{\alpha\gamma} = 1.13\alpha_{\mathrm{p}}p_{00}[1-0.05(d_{\mathrm{u}}-2)] \tag{14-7}$$

式中：$p_{x\gamma}$，$q_{\alpha\gamma}$ 为比贯入阻力临界值和锥尖阻力临界值；α_{p} 为土性综合影响系数；p_{30}，p_{00} 为比贯入阻力基准值和锥尖阻力基准值；d_{u} 为上覆非液化土层厚度。

是否发生液化，其判断的依据如下：比较土层的实测锥尖阻力 q_{c} 与计算所得临界锥尖阻力 $q_{\alpha\gamma}$ 大小，当 $q_{\mathrm{c}} > q_{\alpha\gamma}$ 时，土层不发生液化；当 $q_{\mathrm{c}} < q_{\alpha\gamma}$ 时，土层发生液化。

14.2.4　剪应变法

Dobry 等曾经提出，循环剪应变也可以作为液化评判的依据[5]。该方法需要通过计算得到两个参数：液化剪应变 γ_{th} 与动剪应变 γ_{c}，两者的比值定义为抗液化安全系数：

$$F_{\mathrm{s}} = \frac{\gamma_{\mathrm{th}}}{\gamma_{\mathrm{c}}} \tag{14-8}$$

$$\gamma_{\mathrm{c}} = \frac{0.65\sigma_{v0}r_{\mathrm{d}}\dfrac{\alpha_{\max}}{g}}{G_{\max}\left(\dfrac{G}{G_{\max}}\right)_{v0}} \tag{14-9}$$

式中：$G_{\max}$ 为小应变时的剪切模量；$G/G_{\max}$ 为剪切模量随剪应变的衰减关系 $\alpha_{\max}$ 为地震动峰值加速度；r_{d} 为应力折减系数；σ_{v0} 为土体计算深度处竖向总应力；γ_{th} 表征土的抗液化能力强弱，代表的是引起残余孔隙压力所需要的最小剪应变幅值。此外，Dobry 还发现，最小剪应变 γ_{th} 是 0.01，并规定 $F_{\mathrm{s}} > 1$ 时，不发生液化；当 $F_{\mathrm{s}} \leqslant 1$，该判据失效，不能进行液化评判，$F_{\mathrm{s}} \leqslant 1$ 为液化发生的必要条件。

14.2.5　能量法

用能量法进行液化评判，是通过对比传递到土体的振动能量和土体达到液化所需的能量来实现[6-8]。循环荷载（振动）作用过程中所产生的超孔压导致的土体液化破坏土体随外部荷载振动到液化所需的能量即为土的抗液化能量，可通过对研究区土体进行原位测试，实际调查分析其经验值。

目前基于能量的液化判别法主要有以下两种。

第一种是根据地震总辐射能进行估算：

$$E_0 = 10^{15M+18} \tag{14-10}$$

式中：E_0 为从震源发出的总辐射能；M 为地震级数。

根据式（14-10），再计算出传播过程中振动波损耗的能量，即可得出传播到测试区的能量值。

第二种是根据振动强度进行估算：

$$I_{\mathrm{h}} = \frac{\pi}{2g}\left|\int_0^T a_x^2(t)\mathrm{d}t + \int_0^T a_y^2(t)\mathrm{d}t\right| \tag{14-11}$$

式中：I_{h} 为土层顶部的地震运动 Arias 烈度；$a_x^2(t)$ 为 x 向的水平加速度；$a_y^2(t)$ 为 y 向的

水平加速度；g 为重力加速度；T 为地震持续时间。

14.3 液化评判与分析

14.3.1 静力触探液化评判

目前，基于静力触探的液化评判方法，国际上多采用 Seed 简化法，其实质是将砂土和粉土中由振动作用产生的剪应力与产生液化所需的剪应力进行比较[9]。经 Seed 修正后简化成等效周期应力比（CSR）与地基土的周期阻力比（CRR）的比较。如果 CRR＞CSR，则判别为不液化；如果 CRR＜CSR，则判别为液化。它属于试验-分析法，也是最早提出的可判别具有水平地面自由场地液化的方法，许多影响液化的因素均得到适当考虑[10-11]。

1. 周期应力比（CSR）的计算

周期应力比是根据场地的地震基本设计参数计算的，目前 Seed 等提出的计算公式被普遍接受，公式如下：

$$\text{CSR} = \frac{\tau_{\text{av}}}{\sigma'_{\text{v0}}} = 0.65 r_{\text{d}} \frac{\dfrac{\sigma_{\text{v0}} a_{\text{max}}}{\sigma'_{\text{v0}} g}}{\text{MSF}} \tag{14-12}$$

式中：τ_{av} 为地震产生的平均剪应力；σ'_{v0} 为土体相同深度处竖向有效应力；r_{d} 为应力折减系数，通常为 $1\sim0.015z$，z 为深度，通常小于 25 m；σ_{v0} 为土体计算深度处竖向总应力；a_{max} 为地震动峰值加速度；g 为重力加速度；MSF 为震级比例系数，$\text{MSF} = M^{2.56}/173$，$M$ 为地震震级，通常为 7.5。

2. 周期阻力比（CRR）的计算

周期阻力比的计算方法，国际上常用的有两种，分别是 Robertson 法和 Olsen 法[12-14]。这里选择 Olsen 简化法计算粉土和粉细砂的周期阻力比，其研究成果可参考相关文献[15-17]。CRR 的计算公式如下：

$$\text{CRR} = 0.00128 q_{\text{c1}} - 0.025 + 0.17 R_{\text{f}} - 0.028 R_{\text{f}}^2 + 0.0016 R_{\text{f}}^3 \tag{14-13}$$

式中：

$$q_{\text{c1}} = \frac{q_{\text{c}}}{(\sigma'_{\text{v0}})^{0.7}}, \qquad R_{\text{f}} = \frac{f_{\text{s}}}{q_{\text{c}}} \times 100\% \tag{14-14}$$

其中：q_{c} 为锥尖阻力；f_{s} 为侧摩擦阻力；R_{f} 为摩阻比。

14.3.2 静力触探液化机理分析

1. 液化势与锥尖阻力之间的关系

1986 年 Seed 和 Alba，1988 年 Shibata 和 Teparaska 在应用静力触探数据资料提出

了一种改进的液化势判定方法。近年来，通过对已有资料的分析得出利用静力触探数据计算 CRR 对于松砂土的效果最好，其与标准贯入得到的结果也最为接近。通过静力触探数据得到的剪应力比和归一化锥尖阻力的关系如图 14-1 所示。

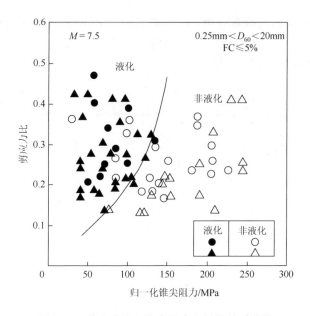

图 14-1　剪应力比和锥尖阻力之间的关系曲线

图 14-1 中的曲线代表的是循环液化发生概率为 20%或者更小一点。对于有些密砂土（q_{c1} > 75），在荷载的作用下，虽然孔隙水压力增大，但有效应力可能并没有达到零，变形也没有松砂土的变形大，在这种情况下，土体发生液化的程度取决于砂土的密实度、颗粒的大小和荷载的持续时间。图 14-1 中曲线的得到是建立在以下条件之上。

（1）干砂土；

（2）水平地面自由场地；

（3）地震震级 M = 7.5；

（4）土体测试深度从 1 m 到 15 m，大部分在 10 m 以内；

（5）对于可能液化的土层，锥端阻力取平均值。

利用静力触探数据推导更深土层的归一化锥尖阻力和剪应力比之间的关系时一定特别注意，上述过程中利用的锥尖阻力的平均值，肯定有一些值要比平均值小，所以通过这个关系对更深土层的液化势分析得到的结果是趋于保守的。

1995 年，Stark 和 Olson 通过对 180 个实测钻孔的统计分析，在 CRR 和 q_{c1} 之间也建立了一些关系。这些关系是通过对各种不同类型的砂土的粉末度和平均颗粒的大小的对比得到的。通过静力触探得到的砂土的粉末度和平均颗粒值要比标准贯入得到的值大一些。

之所以继续使用标贯试验的一个原因是通过标贯试验获得的土壤样品，可以确定土壤的细粒含量。但标准贯入与静力触探相比,后者得到的结果可靠性更高,并且通过静力触探测得的数据可以直接用来评估土体的液化势。

2. 归一化锥尖阻力的修正

通过对大量实测数据的综合分析,1995 年 Stark 或 Olson 提出了对归一化锥尖阻力的修正方法。这个方法以土体颗粒的大小和细粒土的含量为基础,如图 14-2 所示,这种修正的目的是等效到纯砂土的归一化贯入阻力。

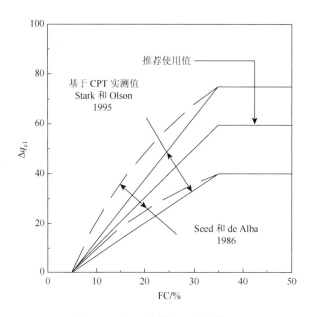

图 14-2　归一化锥尖阻力的修正

修正值并不是对所有的锥尖阻力都是一个常量,具体的修正分类如下:

$$\Delta q_{c1} = \begin{cases} 60, & FC \geqslant 35\% \\ 0, & FC \leqslant 5\% \\ 2(FC-5), & 5\% < FC < 35\% \end{cases} \tag{14-15}$$

式中:FC 为细粒土含量,以百分比表示;Δq_{c1} 为归一化锥尖阻力 q_{c1} 的修正值。

3. 摩阻比和细粒土含量的关系

通过静力触探数据直接可以计算土体颗粒的一些特性,如细粒土的含量,然后都可以等效到纯砂土的归一化贯入阻力。经验表明摩阻比(侧壁摩擦阻力与锥尖阻力的百分比)随着细粒土含量和土的塑性增加而增加。图 14-3 揭示了摩阻比和细粒土含量的关系。

这样细粒土的含量可以根据静力触探数据查表得到。另外超孔隙水压力可以用来计算细粒土的含量。

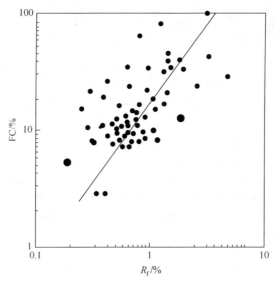

图 14-3　摩阻比和细粒土含量的关系

4. 属性类型指数和细粒土含量的关系

下面我们定义土的属性类型指数 I_c，也是通过静力触探实验得到。

$$I_c = \sqrt{(3.47 - \log Q_t)^2 + (\log F_r + 1.22)^2} \qquad (14\text{-}16)$$

式中：Q_t 为归一化锥尖阻力，无量纲，$Q_t = \dfrac{q_c - \sigma'_{v0}}{\sigma'_{v0}}$；$F_r$ 为归一化摩阻比，以百分比表

示，$F_r = \dfrac{f_s}{q_c - \sigma'_{v0}} \times 100\%$；$f_s$ 为侧壁摩擦阻力；q_c 为锥尖阻力；σ'_{v0} 为总的上覆土应力。

土的属性类型指数 I_c 和细粒土含量存在一定的关系，用公式简单地表示为：$FC = 1.75 I_c^3 - 3.7$。

土的属性类型指数（I_c）和细粒土含量（FC）之间的关系公式和关系图都是近似得到，因为土的性质太复杂，影响因素太多，这样使得静力触探得到数据不确定，不过在某些特定的场地中上述关系还是适用的。对于软土层中的薄层砂（＜750 mm），q_c 会偏小，需要运用式（14-17）修整 q_c 后再进行液化势分析，公式如下：

$$q_c = K_c \cdot q_{c2} \qquad (14\text{-}17)$$

$$K_c = 0.5\left(\frac{H}{1000} - 1.45\right)^2 + 1.0 \qquad (14\text{-}18)$$

式中：H 为硬土层厚度；q_{c2} 为实测硬土层贯入阻力。

5. 砂性土循环阻力比（CRR）

上面通过静力触探数据可以直接计算细粒土的含量和土的属性类型指数，下面利用等效到纯砂土的归一化贯入阻力 $(q_{c1})_{cs}$ 确定砂性土循环阻力比（CRR）的计算公式：

$$CRR = 93\left(\frac{(q_{c1})_{cs}}{1000}\right)^3 + 0.08 \qquad (14\text{-}19)$$

式中：$(q_{c1})_{cs} = q_{c1} + \Delta q_{c1}$，其中 q_{c1} 的取值为 $30 < q_{c1} < 160$。

注意，在使用这个公式的时候，如果上覆土压力比较大或者地面不是水平地面自由场地，需要对这个公式进行修正，Seed 和 Harder 在 1990 年提出了修正系数，不过这个修正系数比较保守，所以使用的时候一定要注意它的适用性。

参 考 文 献

[1]   104（GT9）The Committee on Soil Dynamics of the Geotechnical Engineering[S]. Division Defmition of terms related to liquefaction Journal of the Geotechnical Engineering Division，1978：1197-1200.

[2]   中华人民共和国国家标准编写组. GB50011-2010 建筑抗震设计规范[S]. 北京：中国建筑工业出版社，2010.

[3]   刘晓瑜. 黄河三角洲堤岛海域波浪作用下液化分区[D]. 青岛：中国海洋大学，2007.

[4]   DOBRY R，LADD R S，YOKEL R M，et al. Prediction of pore-water pressure buildup and liquefaction of sands during earthquakes by the cyclic strain method[R]. US Department of Commerce，1982.

[5]   DOBRY R，LADD R S，POWELL D，et al.Prediction of pore water pressure build up and liquefaction of sands during earthquakes by the cyclic strain method[J]. NBS Building Science，National Bureau of Standards，Maryland，1982，138：1-13.

[6]   RAHMAN M S，SEED H B，BOOKER J R. Pore pressure development under offshore gravity structures[J]. Journal of the Geotechnical Engineering Division，ASCE，1977，103（12）：1419-1437.

[7]   CHRISTIAN J T. Consolidation with internal pressure generation[J]. Journal of the Geotechnical Engineering Division，ASCE，1976，102（10）：1111-1115.

[8]   RAHMAN M S. Wave-induced instability of seabed：Mechanism and conditions[J]. Marine Geotechnology，1991，10：277-299.

[9]   蔡国军，刘松玉，董立元，等. 基于静力触探测试的国内外砂土液化判别方法[J]. 岩石力学与工程学报，2008，28（05）：1019-1027.

[10]   YOUD T L，IDRISS I M. Liquefaction resistance of soils：summary report from the 1996 NCEER and 1998 NCEER/NSF workshops on evaluation of liquefaction resistance of soils[J]. Journal of Geotechnical and Geoenvironmental Engineering，ASCE，2001，127（4）：297- 313.

[11]   LIAO S C C，VENEZIANO D，WHITMAN R V. Regression models for evaluating liquefaction probability[J]. Journal of the Geotechnical Engineering Division，ASCE，1988，114（4）：389-411.

[12]   ROBERTSON P K，WRIDE C E. Evaluating cyclic liquefaction potential using cone penetration test[J]. Canadian Geotechnical Journal，1998，35（3）：442-459.

[13]   OLSEN R S. Liquefaction analysis using the cone penetrometer[C]. Proceedings of the 8th World Conference on Earthquake Engineering. San Francisco：Englewood Cliffs，1984：247-254.

[14]   OLSEN R S. Using the CPT for dynamic site response characterization[C]// Proceedings of Earthquake and Soil Dynamic 2th Conference. New York，1988：374-388.

[15]   OLSEN R S，KOESTER J P. Prediction of liquefaction resistance using the CPT[C]. Proceedings of the International Symposium on Cone Penetration Testing. Linkoping，1995：251-256.

[16]   OLSEN R S. Cyclic liquefaction based on the cone penetrometer test[J]. National Center for Earthquake Engineering Research，1997，97-122.

[17]   OLSEN R S. Normalization and prediction of geotechnical properties using the cone penetrometer test[R]. Vicksburg，MI：U.S. Army Corps of Engineers，1994.